Zehn Jahre Elektronenmikroskopie

Ein Selbstbericht

des

AEG Forschungs-Instituts

Herausgegeben

von

Prof. Dr. Carl Ramsauer

Mit 150 Abbildungen

Berlin

Verlag von Julius Springer

1941

ISBN-13: 978-3-642-98306-1   e-ISBN-13: 978-3-642-99117-2
DOI: 10.1007/978-3-642-99117-2

Zur Einführung.

Ende 1930, viele Jahre bevor sich andere industrielle Stellen des In- und Auslandes in eigener experimenteller Forschungs- und Entwicklungsarbeit der Elektronenmikroskopie zugewandt haben, begannen im AEG Forschungs-Institut die systematischen Untersuchungen mit dem Ziel, „die geometrische Optik für Elektronen durchzubilden" und „ein Elektronenmikroskop mit sehr starker Vergrößerung zu bauen". Im Vordergrund des Interesses stand die Erschließung eines neuen, der Lichtmikroskopie unzugänglichen Gebietes, nämlich die Mikroskopie der Elektronenstrahler und die Erforschung der hier zugrundeliegenden Vorgänge. Bei Anwendung sehr starker Vergrößerung konnte man außerdem hoffen, zu Auflösungen zu kommen, die dem Lichtmikroskop nicht mehr zugänglich sind.

Heute, nach 10 Jahren, ist die geometrische Elektronenoptik weitgehend ausgebaut. Sie ist das Fundament, auf dem die neuzeitliche Oszillographen- und Fernsehröhre, der Bildwandler, das Elektronenmikroskop und manches andere Gerät gewachsen oder zu hoher Vollendung gebracht worden sind. Auch das „Elektronenmikroskop mit sehr starker Vergrößerung", das wir bei hoher Auflösung später als „Übermikroskop" bezeichnet haben, ist inzwischen verwirklicht worden.

Diese kleine Schrift soll über den engen Kreis der Fachleute hinaus der Allgemeinheit einen Einblick in unsere nunmehr zehnjährige Arbeit auf dem Gebiete der Elektronenmikroskopie geben. Bei dieser Aufgabe muß das Schwergewicht der Darstellung in den Bildern als den unmittelbaren Ergebnissen liegen, während die zur Erreichung dieser Ergebnisse erforderliche experimentelle und theoretische Vorarbeit trotz ihrer grundlegenden Wichtigkeit hier zurücktritt. Der Text ist, soweit es sich nicht um Fragen des grundsätzlichen Zusammenhanges und der historischen Entwicklung handelt, auf das Notwendigste beschränkt worden. — Auch für die Fachleute wird die Bildzusammenstellung als solche einen gewissen Wert haben.

Die einzelnen Mitarbeiter, denen die Firma die Erfolge bei der Erschließung der Elektronenoptik und bei der Entwicklung und Anwendung des Elektronenmikroskops verdankt, gehen am vollständigsten aus dem Literaturverzeichnis hervor. Im Text sind sie gegenüber den gelegentlich genannten institutsfremden Autoren an allen wichtigeren Stellen durch Hinweis auf das Literaturverzeichnis gekennzeichnet.

Berlin-Reinickendorf, Dezember 1940.
AEG Forschungs-Institut.

C. Ramsauer.

Geätztes Hydronalium.
Übermikroskopisches Oberflächen-
Abdruckbild nach Mahl.

Inhalt

„Überschlagspunkt" beim Übergang einer Elektronenlinse
in einen Elektronenspiegel [83]*.

* Ziffern in eckigen Klammern [ ] beziehen sich auf unsere im Literaturverzeichnis zusammengestellten Arbeiten am Ende des Heftes. — Bei wörtlichen Zitaten sind Hinweise des Originaltextes auf Fußnoten und Veröffentlichungen meist fortgelassen.

I. Elektronenoptik und Elektronenmikroskopie.

Definitionen.

Der Tatsache, daß ein großer Teil der geometrischen Elektronenoptik im AEG Forschungs-Institut aufgebaut wurde, entspricht, daß die wichtigeren Definitionen des neuen Gebiets — wie sein Name selbst — zuerst in unseren Arbeiten auftauchen.

Die geometrische Elektronenoptik ist die Lehre von der Elektronenbewegung in elektrischen und magnetischen Feldern, unter optischem Gesichtspunkt betrachtet (1930 [1])*.

Das Elektronenmikroskop ist gegenüber einem Lichtmikroskop eine vergrößernde Vorrichtung, bei der Elektronenstrahlen an Stelle von Lichtstrahlen verwendet werden (1932 [2, 3]).

Das Übermikroskop — genauer das Elektronen-Übermikroskop — ist ein Elektronenmikroskop, das über die Auflösungsleistung des Lichtmikroskops hinausgeht, was wegen der gegenüber den Lichtwellen um Größenordnungen kürzeren Wellenlänge bewegter Elektronen möglich ist (1933 [13]).

Der Bildwandler ist eine Anordnung zur Umwandlung eines Lichtbildes in ein Elektronenbild (1935 [48]).

Elektrisch (elektrostatisch) bzw. magnetisch, vor Elektronenoptik, Elektronenlinse, Elektronenmikroskop gesetzt, bedeutet, daß es sich um die Elektronenoptik, die Elektronenlinse, das Elektronenmikroskop usw. mit elektrischen bzw. magnetischen Linsenfeldern handelt (1932 [3]).

Die elektrische Einzellinse ist eine der Glaslinse entsprechende elektrische Elektronenlinse, die einzeln im Raum steht und zu deren beiden Seiten der Brechungsindex (Elektronengeschwindigkeit) gleich ist (1932 [5]).

Die elektrische Immersionslinse ist eine Elektronenlinse, an deren beiden Seiten der Brechungsindex (Elektronengeschwindigkeit) verschieden ist (1932 [26]).

Das elektrische Immersionsobjektiv ist eine Immersionslinse, die mit ihrem Feld an das Objekt anschließt (1932 [16]). Das Objekt kann dabei ein Selbststrahler (z. B. Kathode) oder ein durchstrahlter Gegenstand (z. B. Folie) sein.

---

* Die Zitate beziehen sich auf diejenigen Stellen unserer Arbeiten, an denen die betreffende Bezeichnung zum erstenmal in der Gesamtliteratur erscheint. (Vgl. das Literaturverzeichnis S. 120).

Aus der Entwicklungsgeschichte der Elektronenoptik.

Die Entwicklung der geometrischen Elektronenoptik ist aufs engste mit der Entdeckungsgeschichte des Elektrons verbunden. Auch für die Elektronenoptik ist die Entdeckung der magnetischen und elektrischen Ablenkung der Ausgangspunkt. Bei Goldstein, Crookes, Birkeland und anderen finden wir um 1880 die ersten Fokussierungserscheinungen durch Hohlspiegel-Kathoden und Schattenprojektionen beschrieben. Von Goldstein wurde auch das erste Elektronenbild erzielt, wenn man eine Projektionsabbildung, wie sie nebenstehendes Bild zeigt, so nennen darf. Jedoch erst 1906 wird eine elektrische Elektronenlinse im strengeren Sinne benutzt, der Wehnelt-Zylinder, den Westphal beschreibt.

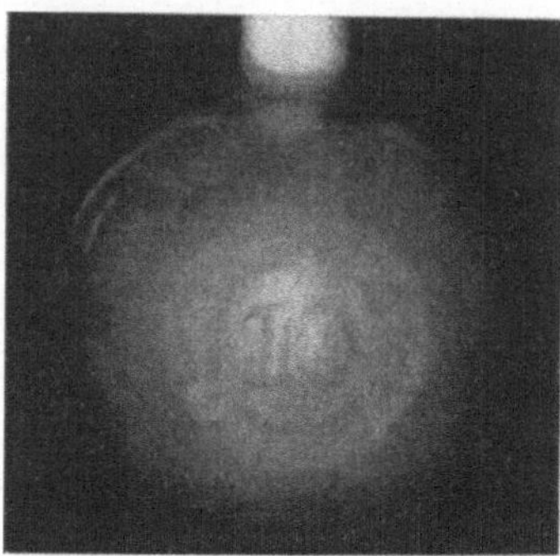

„Abbildung" mit einem Originalrohr Goldsteins.
Aus Brüche-Scherzer [26].

Die magnetische Linse ist in Gestalt der fokussierenden Stromspule schon früh benutzt. Plücker und Hittorf haben bereits die Verschraubung der Kathodenstrahlen beobachtet. Riecke beschäftigt sich 1881 theoretisch mit der Elektronenbewegung im homogenen Magnetfeld. Wiechert benutzt 1898 das Magnetfeld einer langen, über die Versuchsröhre geschobenen Spule zur Fokussierung. 1905 zeigt Rankin, daß auch eine übliche Spule, die kurz gegenüber dem Strahlenweg ist, ähnliche Wirkungen auf Elektronen ausübt. 1927 konzentriert Gabor durch seine Spulenkapselung die Wirkung auf einen engeren Bereich.

Die Theorie wird 1907 durch Störmer gefördert, der eine Gruppe von konzentrischen Stromringen in ihrer Wirkung auf Elektronen behandelt, aber erst 1926/27 gelingt Busch der abschließende Erfolg. Er erkennt auf theoretischem Wege, daß sich die Wirkung einer Spule auf Elektronenstrahlen im Resultat durch den Begriff der optischen Linse beschreiben läßt, wenn auch in den Einzelheiten der Wirkungsweise wesentliche Unterschiede vorhanden sind. Wolf, ein Schüler von Busch, ist der erste, der diese Erkenntnisse verwertet, indem er das Bild der Mitte eines Fadenkreuzes beobachtet.

Bald darauf, im Jahre 1930, unterstreicht Brüche nochmals die Erkenntnisse von Busch, zieht verschiedene andere Parallelen und schließt das Gebiet durch den Begriff „geometrische Elektronenoptik" zusammen. Er weist ferner darauf hin, daß es auch elektrische Linsen, die an sich in den Formeln von Busch unerkannt enthalten waren, als selbständige Abbildungsorgane geben müsse und erkennt sie in einem aufgeladenen Ring (vgl. S. 11). Doch erst 1931/32 tritt die elektrische Linse der magnetischen Linse als gleichberechtigt zur Seite: Davisson und Calbick rechnen die Brennweite von Blenden aus, Brüche und Johannson zeigen, daß sich mit elektrischen Lochblenden selbständige Abbildungsorgane aufbauen lassen und beweisen experimentell die Brauchbarkeit solcher Systeme, wobei sie die ersten neuartigen Elektronenbilder erzielen. Damit ist die elektrische Linse, das eigentliche Analogon zur Glaslinse, gefunden. Der Weg zum Gebiet der geometrischen Elektronenoptik mit elektrischen und magnetischen Linsen ist frei geworden, und die Nützlichkeit des Elektronenmikroskops ist durch das Experiment bewiesen.

Wellenoptik und geometrische Optik des Elektrons.

Um die Jahrhundertwende gilt das Bild des Elektrons als abgeschlossen. Das Elektron ist danach für den Physiker eine Korpuskel von bestimmter negativer Ladung, bestimmter Ruhmasse und einer Geschwindigkeit, die bis zur Lichtgeschwindigkeit reichen kann. Nach zwei Jahrzehnten, in denen besonders Versuche über die Wechselwirkung zwischen Elektron und Materie durchgeführt wurden, zeigen sich die ersten experimentellen Hinweise, daß das Bild des Elektrons noch nicht vollständig ist. Ramsauer findet 1920 die extreme Durchlässigkeit von Edelgasen gegenüber langsamen Elektronen, Davisson und Kunsman erzielen 1923 Reflexionen von Elektronen in bevorzugten Richtungen an Metallkristallen, beides Erscheinungen, die mit der Korpuskelvorstellung des Elektrons schwer vereinbar sind. Ein Jahr später stellt de Broglie die These auf, daß ein Elektron bestimmter Geschwindigkeit auch als Welle bestimmter Länge aufgefaßt werden könne. 1925 weist Elsasser darauf hin, daß bei den Versuchsergebnissen von Ramsauer sowie Davisson und Kunsman Interferenzerscheinungen im Sinne de Broglies vorliegen könnten. 1927 veröffentlichen Davisson und Germer Versuche über Elektroneninterferenzen am Nickel-Einkristall, bei denen sie die Gültigkeit der de Broglieschen Beziehung nachweisen. Damit ist erkannt, daß das Elektron gleichzeitig Korpuskel- und Wellennatur besitzt. Eine weitere besonders anschauliche Parallele zwischen bewegten Elektronen und kurzen Lichtwellen erzielt 1928 als erster G. P. Thomson, dem es gelingt, die von Röntgenstrahlen her bekannten Debye-Scherrer-Ringe auch beim Durchgang schneller Elektronen durch dünne Folien nachzuweisen.

Gegen die Deutung aller dieser Versuchsergebnisse könnte man noch Bedenken erheben, da in allen Fällen die Streuung an Körpern von atomaren Dimensionen erfolgt und infolgedessen die Versuchsergebnisse vielleicht durch Wechselwirkungen zwischen Elektron und Atom in unbekannter Weise beeinflußt werden. Ein Versuch fehlt noch, nämlich der direkte Nachweis des Wellencharakters durch Interferenzerscheinungen an makroskopischen Objekten. Die inzwischen entwickelte geometrische Elektronenoptik macht 1940 die Durchführung dieses Versuches möglich. Boersch [129] erzeugt einen äußerst feinen Brennfleck, von dem aus er die Kante einer Halbebene bestrahlt. Damit werden Fresnelsche Beugungsstreifen erzielt, und es wird so der Wellencharakter des Elektrons mit der gleichen Sicherheit wie der des Lichtes bewiesen. So hat das eine Teilgebiet der Elektronenoptik, die geometrische Elektronenoptik, dem anderen Teilgebiet, der Wellenoptik des Elektrons, zu dem Schlußglied verholfen, das zum überzeugenden Beweise der Wellennatur des Elektrons noch fehlte.

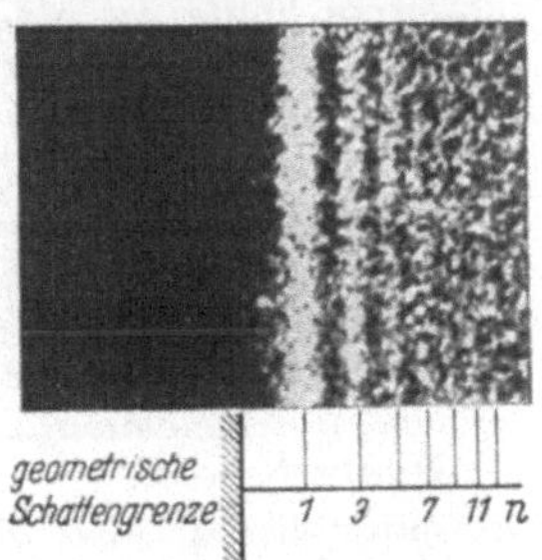

Elektronenbeugung an einer
Kante nach Boersch [128]
(1, 3, 5 theoretische Lage d. Maxima)

Geometrische Optik und Wellenoptik des Elektrons sind heute die beiden Disziplinen der Elektronenoptik, die der geometrischen und der Wellenoptik des Lichtes entsprechen. Die geometrische Elektronenoptik beherrscht die geometrischen Strahlengänge, die Wellenoptik des Elektrons beherrscht die Feinstruktur der Bilder und bestimmt die Auflösungsgrenze der Apparatur. Für die Elektronenmikroskopie ist das Verhältnis ähnlich wie bei der elementaren und der Abbeschen Auffassung des Lichtmikroskops.

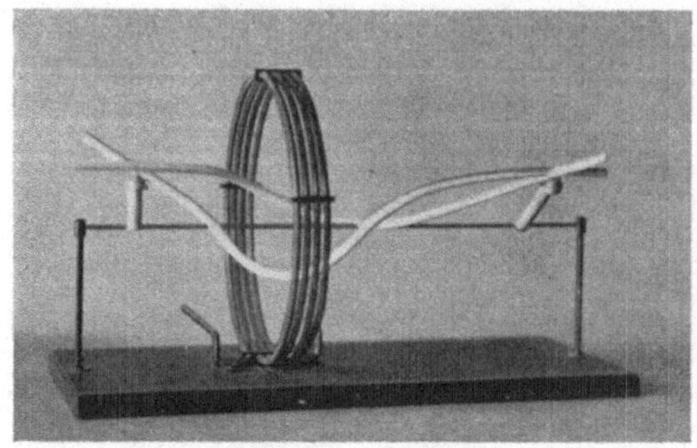

Die magnetische Linse.

Die magnetische Linse ist ein rotationssymmetrisches magnetisches Feld (Beispiel: Stromspule).

Die magnetische Linse entspricht im Endergebnis ihrer Wirkung der Glaslinse. Ihre Funktion im einzelnen ist dagegen ganz anders. Für sie ist die Konstanz der Elektronengeschwindigkeit und die in der Lichtoptik unbekannte Bilddrehung charakteristisch.

Die magnetische Linse wurde 1925-27 von Prof. Busch erkannt und mathematisch behandelt, Brüche [1] referierte 1930 die Untersuchungen von Busch in unserer ersten elektronenoptischen Arbeit mit folgenden Worten:

„Es gelang ihm dabei, eine geometrische Optik für Elektronen zu entwickeln, in der die Konzentrationsspule an die Stelle der optischen Sammellinse tritt. Busch konnte zeigen, daß sogar die bekannte Linsenformel der Optik Gültigkeit hat, wenn man die von einer punktförmigen Elektronenquelle ausgehenden Elektronen durch eine kurze Spule zu einem Brennpunkt wiedervereinigt. Die Analogie geht noch weiter: Ist die Elektronenquelle nicht punktförmig, sondern z. B. ein Draht, so wird genau wie in der Optik durch die Spule ein umgekehrtes Bild entworfen, dessen Größe durch die gleichen Beziehungen wie in der geometrischen Optik berechenbar ist. Auch die Linsenfehler, so z. B. die Aberration, hat ihr Analogon. Es scheint weiter möglich zu sein, die Wirkungsweise eines inhomogenen Magnetfeldes von endlicher Ausdehnung in ähnlicher Weise zu beschreiben, wie in der elementaren geometrischen Optik mit Hilfe der Gaußschen Hauptebenen“.

Die magnetische Linse wird heute meist in der Form einer „gepanzerten Spule“ benutzt, d. h. einer Spule, bei der das Außenfeld bis auf einen kleinen Bereich im Spuleninnern durch einen magnetischen Schluß aufgenommen ist. Auf diese Weise lassen sich die für das magnetische Übermikroskop erforderlichen kräftigen Felder geringer Ausdehnung erzielen. Die gepanzerte Spule ist von Gabor angegeben und durch Ruska, Knoll und v. Borries wesentlich verbessert und in die heute benutzten Formen gebracht worden.

Eine andere brauchbare Linsenform, die sich ebenfalls bei dem magnetischen Übermikroskop bewährt hat, ist die Jochlinse, die Kinder und Pendzich [113] für das Jochlinsen-Übermikroskop verwandten, worüber man S. 65 vergleiche.

Die elektrische Linse.

Die elektrische (oder elektrostatische) Linse ist ein rotationsymmetrisches elektrisches Feld (Beispiel: aufgeladener Ring).

Die elektrische Linse entspricht nach dem Ergebnis ihrer Wirkung und den Einzelheiten ihrer Arbeitsweise weitgehend der Glaslinse.

Die elektrische Linse wurde ebenso wie die magnetische Linse, lange bevor man ihren Charakter als Abbildungselement erkannt hatte, benutzt. In einer Arbeit von Jones und Tasker aus dem Jahre 1924 tauchte sie in der Form des oben erwähnten aufgeladenen Ringes auf, der der Beeinflussung der gaskonzentrierten Strahlen diente. Die Erkenntnis des Linsencharakters ist jedoch weder in dieser noch in den Arbeiten der nächsten Jahre enthalten. Erst 1930 stellte Brüche [1] in unserer ersten elektronenoptischen Arbeit diesen aufgeladenen Ring der Fokussierungsspule, deren Linsencharakter er in dem Abschnitt zuvor (s. Kursivtext auf der Nebenseite) behandelt hatte, mit folgenden Worten zur Seite:

> *„Gelingt es, einen Elektronenstrahl magnetisch zu fokussieren, so muß es auch elektrisch gelingen ... Nachträgliche Wiedervereinigung durch elektrische Felder, ähnlich wie mit der Striktionsspule, führten Jones und Tasker durch, indem sie einen aufgeladenen Ring um den divergierenden Elektronenstrahl legten".*

Über die Erkennung dieser Linse sagte 1936 Prof. Busch, der Begründer der geometrischen Elektronenoptik, in seinem Hauptvortrag auf der Physikertagung:

> *„Soviel über die Grundlagen. Sie wurden 1926/27 im Hinblick auf die magnetische Konzentrierung von Kathodenstrahlen entwickelt, nur die in ihnen enthaltene Folgerung der Existenz der elektrischen Linse als selbständigen Abbildungsorgans wurde damals noch nicht gezogen, diese Möglichkeit wurde vielmehr erst 1931/32 unabhängig von Davisson und Calbick einerseits und Brüche und Johannson andererseits erkannt."*

Die elektrische Linse wird heute für das Emissionsmikroskop in der Form des „Immersionsobjektivs", für das Durchstrahlungs-Übermikroskop in der Form der „Einzellinse" benutzt (vgl. auch S. 7).

Immersionsobjektiv [3] und Einzellinse [5, 8] wurden als elektronenmikroskopische Abbildungselemente von Brüche und Johannson angegeben. Für das elektrostatische Übermikroskop wird die Einzellinse heute in der von Boersch [100] und Mahl [99] den Hochspannungsanforderungen angepaßten Form benutzt.

Aufgabe der Elektronenmikroskopie.

Mit der Erkenntnis der Elektronenlinse durch Busch war die geometrische Elektronenoptik erschlossen. Jedem Physiker war es nun möglich, die aus der Optik gewohnten Überlegungen und Konstruktionen, wie Mikroskop, Fernrohr und Spektralapparat, auf das Gebiet der Elektronen zu übertragen. Dabei schien insbesondere die Verwirklichung des Elektronenmikroskops erstrebenswert, denn das Elektronenmikroskop würde in zwei dem Lichtmikroskop unzulängliche, neue Welten, zu den elektronenemittierenden und den sublichtmikroskopischen Objekten führen können.

1. Emissionsmikroskop. Da das Elektronenmikroskop mit E l e k t r o n e n statt mit Licht arbeitet, vermag es die Elektronen emittierenden Stellen von Kathoden (z. B. bei Verstärkerröhren) zu sehen und erlaubt es, Emissionsvorgänge zu studieren. Eine spezielle Anwendung dieses Prinzips ist die Abbildung von Metallgefügen, insbesondere im Glühzustand, die Beobachtung von Umkristallisationen usw.

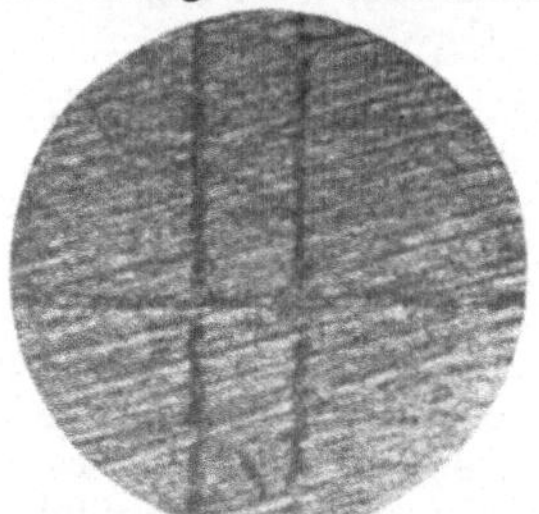

Lichtmikroskopisches Bild. Es zeigt die geometrische Struktur.

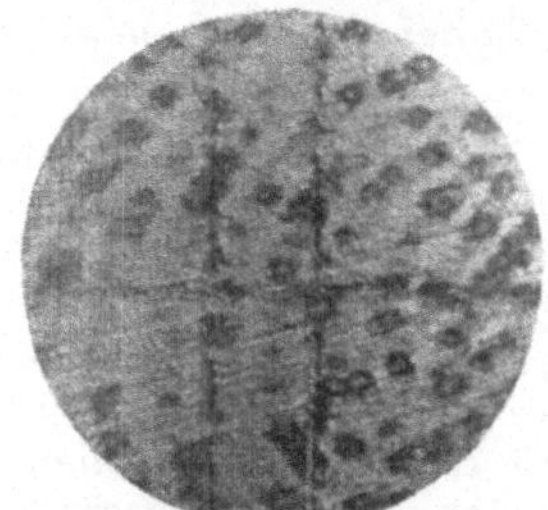

Elektronenmikroskopisches Bild. Es zeigt außerdem die Emissionseigenarten.

2. Übermikroskop. Da das Elektronenmikroskop mit Strahlen einer um Zehnerpotenzen kürzeren Wellenlänge als das Lichtmikroskop arbeitet, vermag es auch unterhalb der Auflösungsgrenze des Lichtmikroskops (0,0002 mm) noch Objekte getreu abzubilden.

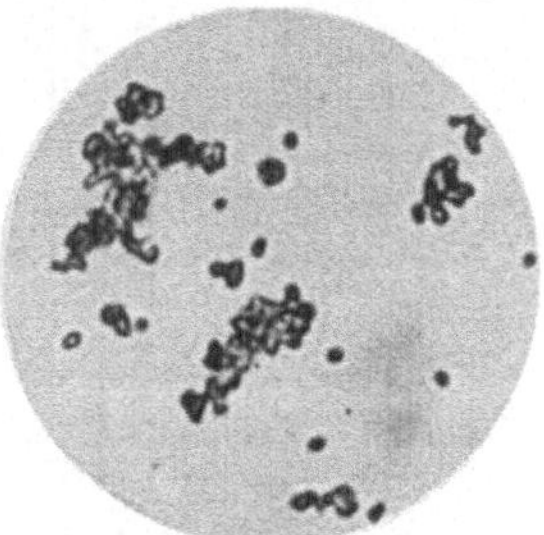

Lichtmikroskopisches Bild an der Auflösungsgrenze. Es vermag die sehr kleinen Teilchen nicht getreu zu zeigen. (Aufn. Zeiss)   Vergr.: 2100fach.

Elektronenmikroskopisches Bild. Es zeigt trotz sechsmal so hoher Vergrößerung die genaue Form sehr kleiner Teilchen. Vergr.: 13000fach.

Das Emissionsmikroskop, das eigentliche Elektronenmikroskop, hat eine nur dem Elektronenmikroskop zugängliche neue Welt, das Übermikroskop in seiner heutigen Form als Durchstrahlungsmikroskop eine Welt neuer Feinheiten der bekannten Objekte des Lichtmikroskops erschlossen. An der Vereinigung beider Möglichkeiten im Emissions-Übermikroskop wird gearbeitet.

II. Apparaturen und Abbildungen.

Aus den Versuchen von 1928/31 über gaskonzentrierte Elektronenstrahlen und ihrer Anwendung zur Modelldarstellung von Störmers Polarlichttheorie entwickelte sich im AEG Forschungs-Institut die elektrische Elektronenoptik.

Versuche zum Studium der Elektronenbewegung in magnetischen Feldern   1929/30.

1929/30

Polarlichtexperiment.

Die Elektronen wurden in das magnetische Dipolfeld der Modellerde (Terella) geschossen. Der leuchtende Elektronenstrahl zeigt die Bahn der Elektronen, die unter entsprechenden Bedingungen von der Sonne her in das Magnetfeld der Erde gelangen.

Brüche und Ende [Phys. Z. 31. 1015. 1930].

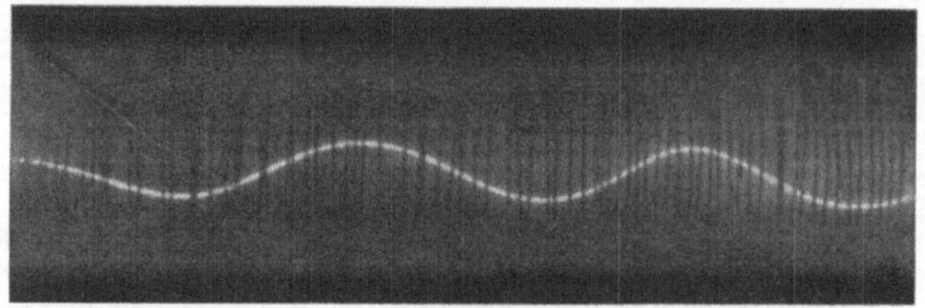

1929/30

Elektronenbewegung im homogenen Längsfeld.

Das Feld wurde von einer sehr langen Stromspule geliefert, deren Drähte sichtbar sind. Die Elektronen beschreiben Schraubenlinien (in der Projektion: Sinuslinien). Brüche u. Ende [1].

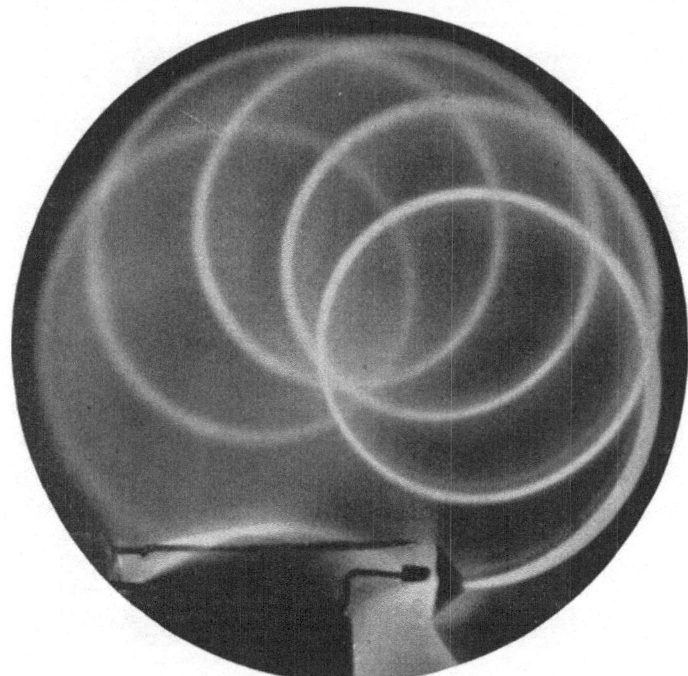

1930

Elektronenbewegung im nahezu homogenen Querfeld.

Das Feld wurde durch eine senkrecht zur Zeichenebene stehenden Stromspule erzeugt, wie sie als magnetische Linse benutzt wird. Da die Krümmung der Elektronenbahn der Feldstärke proportional ist, zeigt die Figur, daß die Feldstärke in der Spulenmitte am stärksten ist, indem sich bei vollständig homogenem Feld ein Kreis ergeben würde. Brüche [Naturwiss. 18, 1085, 1930.]

14

Erste Versuche zum Studium von Strahlengängen der geometrischen Elektronenoptik.

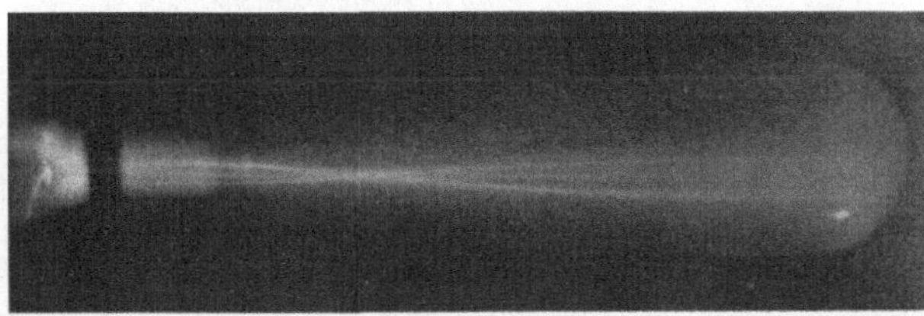

1930/31

Fokussierung und Überkreuzung von Elektronenstrahlen bei einer magnetischen Linse.

Ein gaskonzentrierter Elektronenstrahl wird unter bestimmter, wählbarer Neigung durch eine als Linse wirkende kurze Spule geschossen. Die entstehende Bahn ist bei verschiedenen Anfangsneigungen auf der gleichen Platte photographiert. So enstand obiges Bild, das die Fokussierung und Überschneidung von Elektronenbahnen demonstriert, die von einem und demselben Achsenpunkte kommend zu denken sind. Mit schwächerem Spulenstrom läßt sich auch die Parallelisierung von Elektronenbahnen zeigen.

Brüche [132].

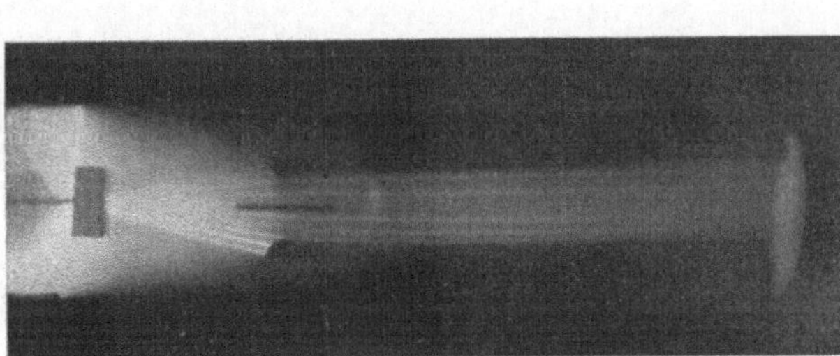

1931

Parallelisierung von Elektronenstrahlen durch eine elektrische „Linse".

Bei diesem Versuch wird ein breites Elektronenbündel durch ein Netz in Einzelstrahlen aufgeteilt. Die Strahlen durchlaufen nun das elektrische Feld eines als Linse angesehenen Doppelkondensators, in dem sie parallelgerichtet werden. Ebenso läßt sich die Fokussierung zeigen.

Brüche und Johannson [2].

Erste elektrostatische Elektronenmikroskope   1931/39.
(Auswahl unserer ältesten Geräte.)

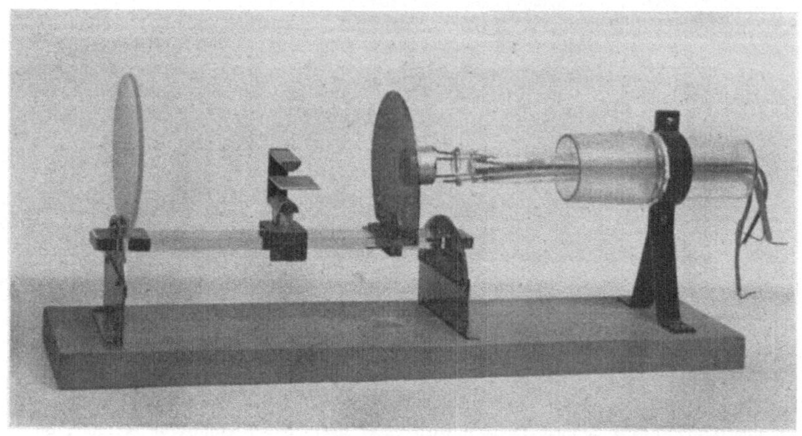

1931   Erstes elektrisches Elektronenmikroskop.

Apparatur, mit der Brüche und Johannson die ersten Abbildungen von Glühkathoden durch elektrostatische Linsen erzielten [2, 3].

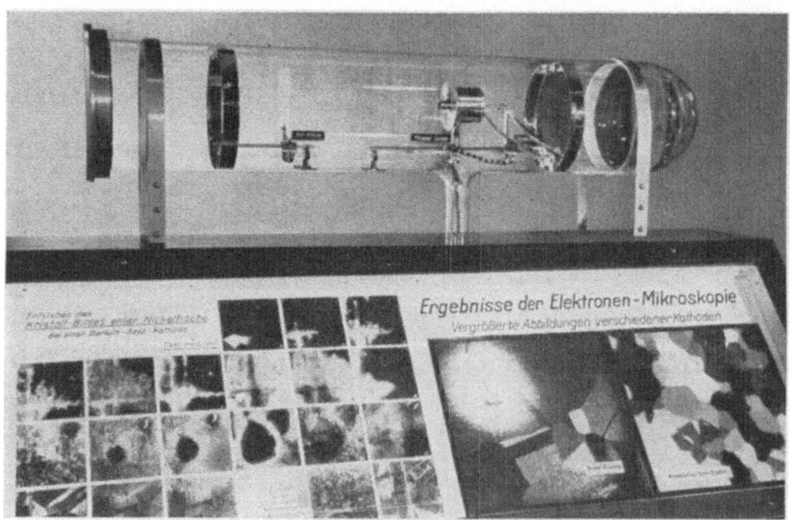

1932   Älteres elektrostatisches Elektronenmikroskop.

Emissionsmikroskop nach Brüche und Johannson [3, 6]. Aufgestellt im Deutschen Museum.
[Vgl. F. Fuchs: Deutsches Museum, Guericke-Ausstellung 1936, S. 42.]

1936

Elektrostatisches Elektronenmikroskop

Elektrisches Immersionsobjektiv nach Behne [62] für durchstrahlte und sekundäremittierende Objekte. Diese elektrische Linse steht in der Art ihres Potentialfeldes in der Mitte zwischen dem Immersionsobjektiv nach Brüche und Johannson und der Hochspannungseinzellinse nach Boersch und Mahl, wie sie heute als Objektiv des elektrostatischen Abbildungs-Übermikroskops benutzt wird.

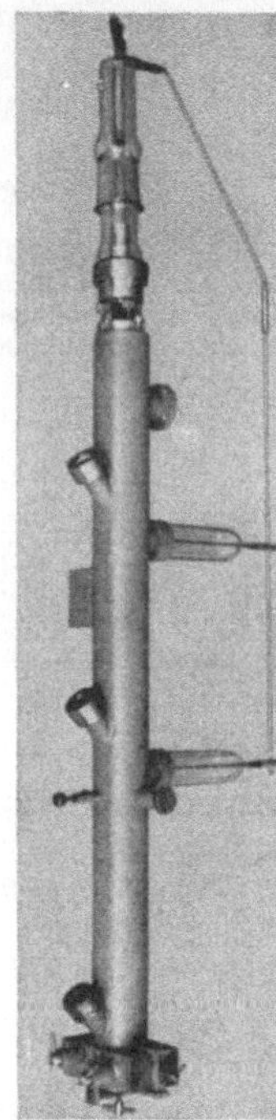

1939

Elektrostatisches Schatten-Übermikroskop,

Elektronen-Übermikroskop für durchstrahlte Objekte nach Boersch [100, 105].

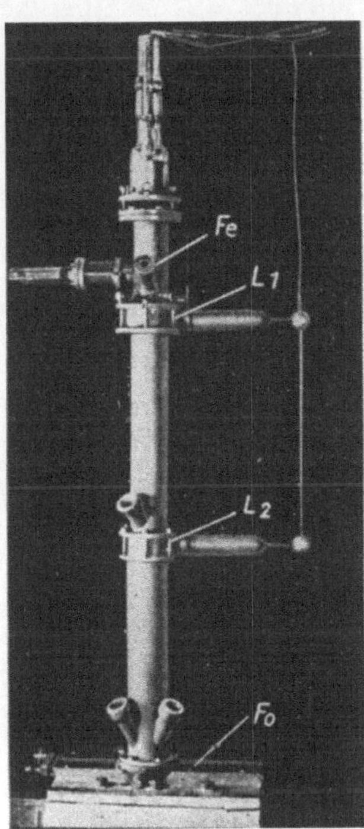

1939

Elektrostatisches Abbildungs-Übermikroskop,

Elektronen-Übermikroskop für durchstrahlte Objekte nach Mahl [99, 103].

Entwicklung der elektrischen Einzellinse. 1932/40.

1932	**Ubermikroskop-**		**1940**
Erste Einzellinse	**Hochspannungslinse**		Doppellinse
nach Brüche	**für das**	**für das**	des AEG-Uber-
und Johannson	Schattenmikroskop	Abbildungsmikroskop	mikroskops
[5,9].	nach Boersch [105].	nach Mahl [103].	nach Mahl [109].

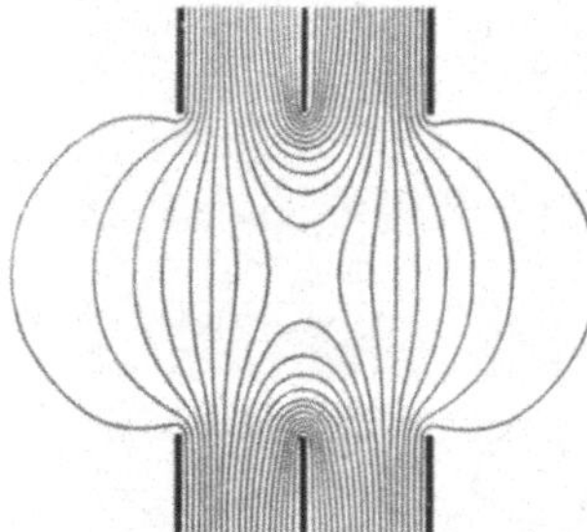

Potentialfeld der elektrischen Einzellinse
[5] (Ansicht der Linse vgl. Bild oben links).

Die beiden äußeren Lochelektroden sind miteinander und z. B. mit der Anode der elektronenoptischen Anordnung verbunden. Die mittlere Lochblende ist dagegen an positive oder negative Spannung gelegt. Als Folge bildet sich das Potentialfeld aus, dessen Flächen wie die Flächen von Glaslinsen wirken; es entsteht eine Elektronen-Linse und zwar stets eine Sammellinse.

Die Einzellinse entspricht der einzelnen Glaslinse. Mit ihr lassen sich, analog wie mit einzelnen Glaslinsen, Mikroskope und andere optische Geräte aufbauen. Sie kann als einzelne Linse mit und ohne Beschleunigungsfeld davor als „einfaches Elektronenmikroskop" zur Abbildung selbstemittierender oder durchstrahlter Objekte aufgefaßt werden. Heute wird die Einzellinse z. B. zum Aufbau „zusammengesetzter Elektronenmikroskope", insbesondere von Übermikroskopen benutzt (vgl. S. 77).

Erste elektrische Elektronenbilder 1931.

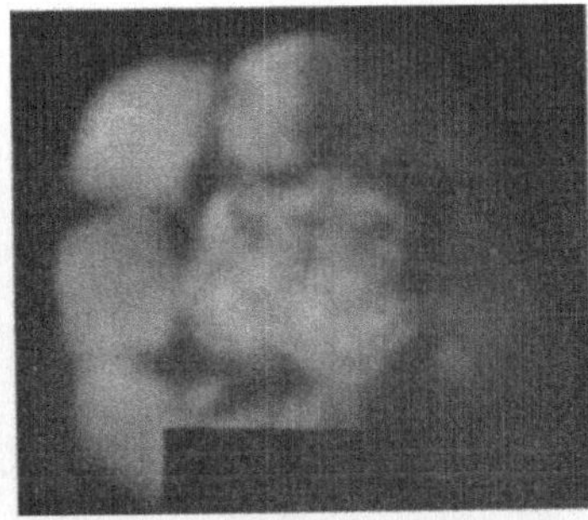

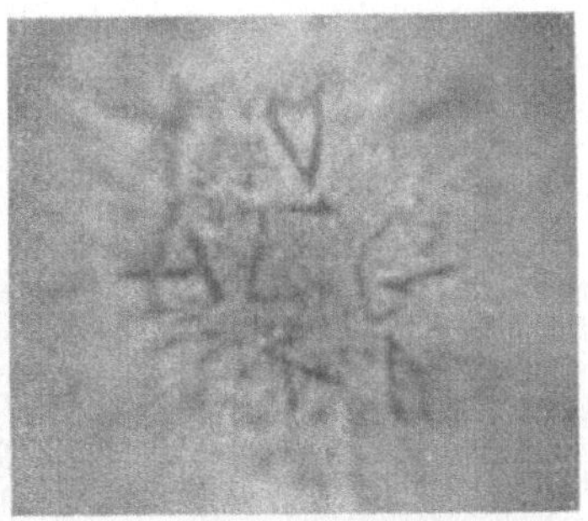

Erstes aufgenommenes Elektronenbild einer Glühkathode mit dem Schatten eines Netzes.

Elektronenbild zum Beweis der Abbildung geometrischer Strukturen.

(etwas verkleinert wiedergegeben)
Brüche und Johannson [132]

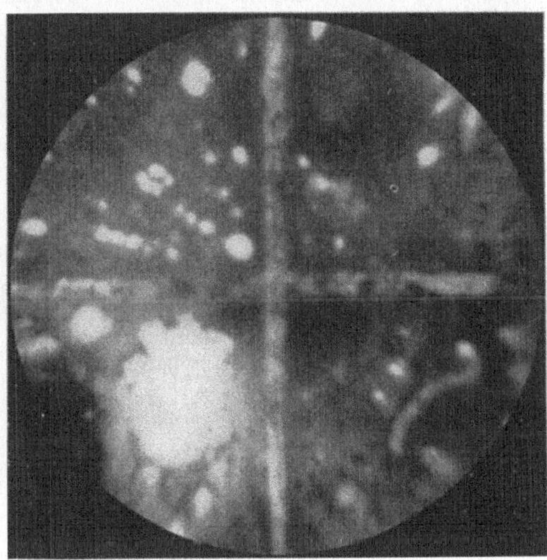

Erstes veröffentlichtes Elektronenbild einer Glühkathode, zugleich die erste veröffentlichte Aufnahme, die mit elektrischen Linsen erhalten wurde. Es ist die erste Aufnahme, die mehr als Umrisse von Blenden, Leuchtflecke und Netze zeigte. Das Bild bewies die Möglichkeit, mit der elektronenmikroskopischen Methode neue Gebiete zu erschließen.

1932 Brüche und Johannson [3].

Vergr. Original: 80 fach,
Wiedergabe: 220 fach.

Erste elektronenoptische Durchstrahlungsbilder.

Die Aufnahmen dieser und der folgenden Seite sind die ersten Bilder
ihrer Art, die veröffentlicht wurden.

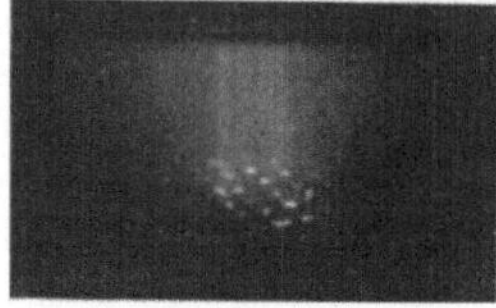

1931

„Abbildung" eines Netzes,
die unter Mitwirkung von Gaskonzentration sustande kam.
Engel [5].
(Erst 1932 veröffentlicht.)

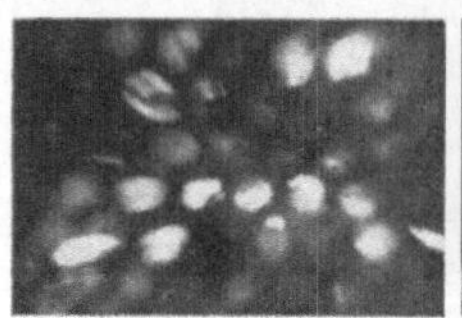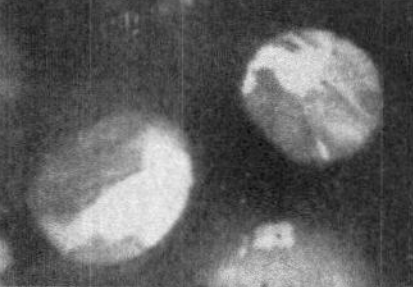

1932

Erste Folienabbildung. Zerrissene Goldfolie auf
einerWabenplatte (Lenardfener). 35 ekV-Elektronen.
Brüche und Johannson [8]. Vergr. : 2 u. 9 fach.

(Die Bilder wurden September 1932 auf der Physikertagung
im Diapositiv gezeigt. In der Veröffentlichung des Tagungs-
vortrages [8] wurde auf sie hingewiesen. Sie wurden aber
erst 1933 [13] gedruckt.)

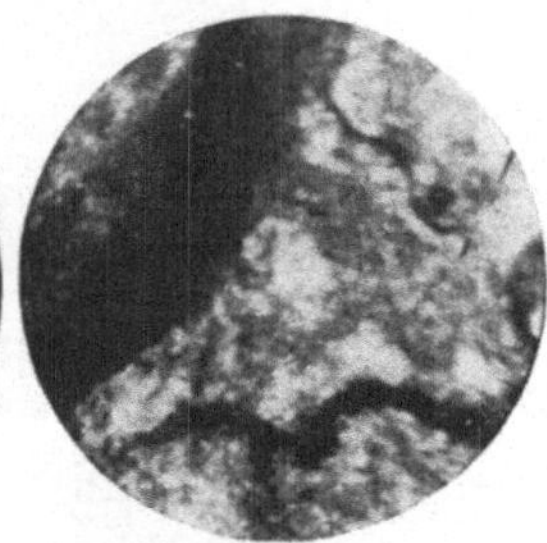

1932

Erste Abbildung eines Netzes
mit einer netzfreien elektrischen Einzellinse.
0,74 ekV-Elektronen.
Johannson und Scherzer [9].
Vergr. : 27 fach.

1936

Erste Abbildung einer zerrissenen Folie mit einem
elektr. Immersionsobjektiv.
0,3 ekV-Elektronen.
Behne [62].
Vergr. : 60 fach.

1936

Erste Dunkelfeldabbildung
einer zerrissenen
Goldfolie.
30 ekV-Elektronen.
Boersch [65].
Vergr. : 16 fach.

Erste elektronenoptische Oberflächenbilder.

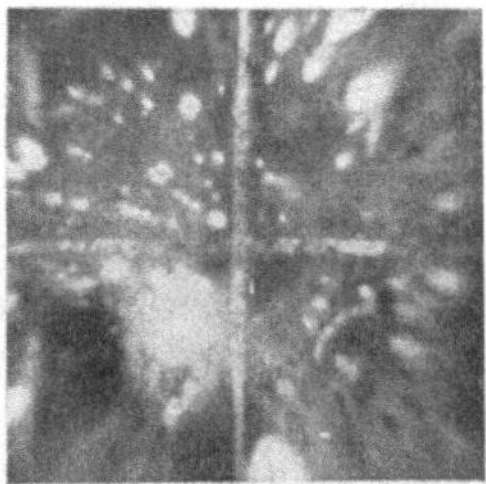

1932

Erstes Glühkathodenbild.
Brüche und Johannson [3].
Vergr.: 80 fach.

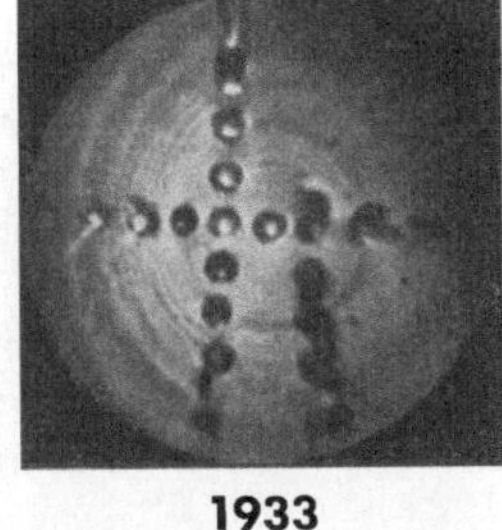

1933

Erstes Kathodenbild mit lichtelektrischen Elektronen und
kurzer magnetischer Linse.
Brüche [18]. Vergr.: 3,5 fach.

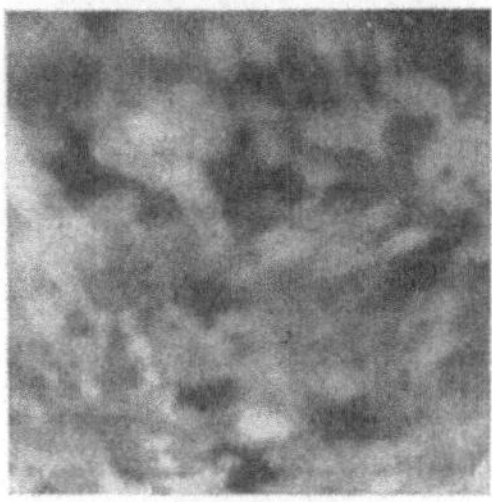

1932

Erstes Strukturbild.
Brüche und Johannson [8].
Vergr.: 100 fach.

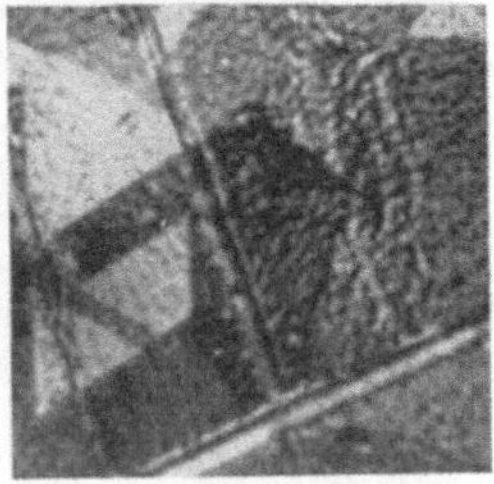

1933

Erstes Aktivierungs-Strukturbild.
Brüche und Johannson [13].
Vergr.: 50 fach.

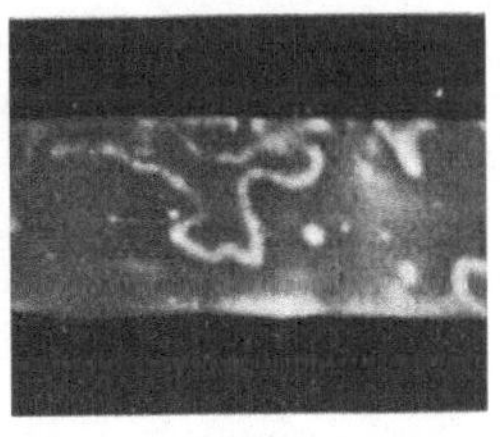

1935

Erstes Bild eines Drahtes.
Mahl [57]. Vergr.: 25 fach.

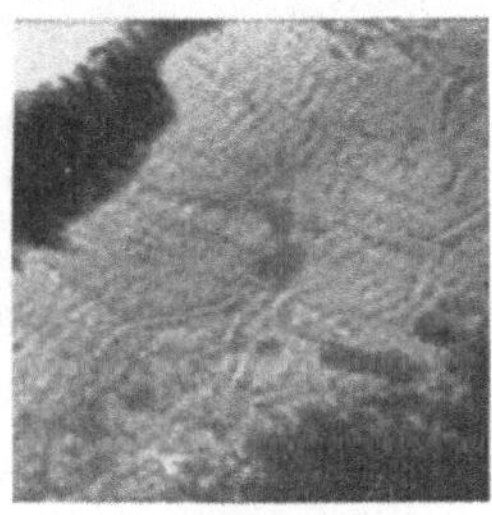

1940

Erstes Abdruckbild.
Mahl [116]. Vergr.: 21 000 fach.

Die benutzten Mikroskope.

Alle folgenden Mikroskopsysteme sind bis auf die Systeme 2 und 5 im AEG Forschungs-Institut entwickelt worden. Das System 2 wurde von Knoll, Houtermans und Schulze, das System 5 von Knoll und Ruska an der Berliner Technischen Hochschule entwickelt, und zwar ersteres im Physikalischen Institut, letzteres im Hochspannungs-Laboratorium. — Im folgenden sind diejenigen Mitarbeiter des AEG Forschungs-Instituts angegeben worden, welche das betreffende Mikroskop zur Bilderzeugung entwickelt bzw. welche die Systeme 2 und 5 als erste im Institut benutzt haben.

a) Emissionsmikroskope.

1. **Elektrisches Immersionsobjektiv (Lochblenden)**
   1932, Brüche und Johannson [2, 3].

2. **Elektromagnetische Linse (kombiniert mit Lichtmikroskop)**
   1933, Johannson und Knecht [17, 24].

3. **Elektrostatisches Zweipolsystem (gewölbte Fläche und Zylinder)**
   1935, Schaffernicht [58].

b) Durchstrahlungsmikroskope
   (zum Teil Übermikroskope)

4. **Elektrische Einzellinse**
   1932, Brüche, Johannson und Scherzer [5, 9]

5. **Elektromagnetische Linse**
   1932, Brüche und Johannson [8].

6. **Elektrisches Immersionsobjektiv**
   1936, Behne [62].

7. **Elektrostatisches (Abbildungs-)Übermikroskop**
   1939, Mahl [99].

8. **Elektromagnetisches Jochlinsen-Übermikroskop**
   1940, Kinder, Pendzich und Steudel [113].

9. **Elektrostatisches Schatten-Übermikroskop**
   1939, Boersch [100].

III. Emissionsmikroskopie.

Aufgabe und Lösung.

In unserem ersten Bericht über experimentelle Ergebnisse formulierte 1932 Brüche [2] die Aufgabe, die wir uns zunächst gestellt hatten:

> *„ 1. Die geometrische Optik für Elektronen soll durchgebildet werden, wobei mit einer „optischen Bank" die Abbildungsgesetze bei Elektronen studiert und demonstriert werden.*
>
> *2. Unter Benutzung der auf diese Weise erworbenen Kenntnisse soll ein „Elektronenmikroskop" mit sehr starker Vergrößerung gebaut werden, um mit ihm den Emissionsvorgang einer Oxydkathode zu verfolgen (Aufsuchen der Emissionszentren in Abhängigkeit der Kathodenbehandlung, Verfolgen der zeitlichen Änderung einzelner Emissionszentren u.s.w.)".*

In den folgenden Jahren bauten wir das Gebiet der geometrischen Elektronenoptik auf. Allein rund 30 dieser Veröffentlichungen sind der Emissionsmikroskopie gewidmet, worüber man das Literaturverzeichnis S. 120 vergleiche.

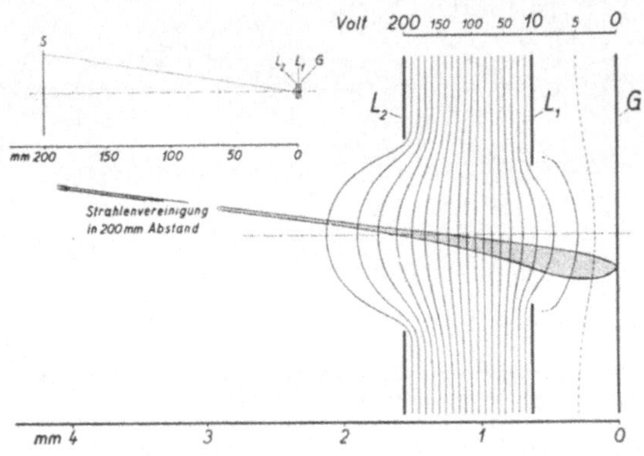

Elektrisches Immersionsobjektiv.

Die von der Fläche G abgestrahlten Elektronen werden durch das Feld, das die aufgeladenen Lochblenden L_1 und L_2 erzeugen, zu einem Bild von G auf dem Leuchtschirm S vereinigt. (System 1 der Tabelle auf der Gegenseite, abgebildet auf S. 16.)

Mit diesem ältesten elektrischen Elektronenmikroskop von 1932 wurde ein wesentlicher Teil der emissionsmikroskopischen Ergebnisse gewonnen. Das Immersionsobjektiv wurde später auch zur Abbildung durchstrahlter Folien benutzt. (System 6 auf der Gegenseite.)

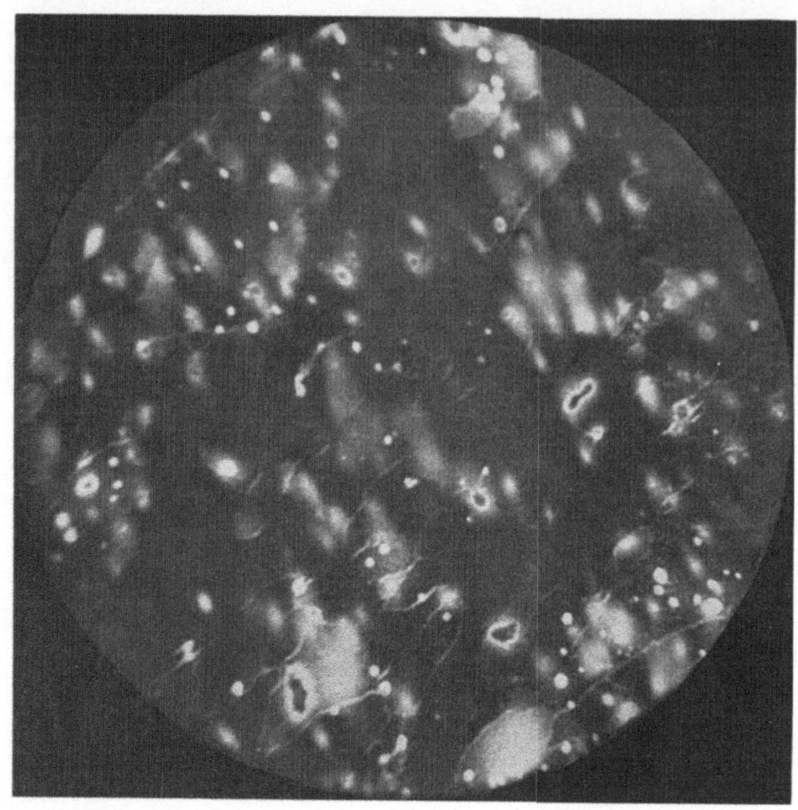

Typisches Elektronenbild des Emissionsmikroskops.

Das Elektronenmikroskop eröffnet neue Welten, deren Kenntnis uns das Lichtmikroskop nicht zu vermitteln vermag. Diese Tatsache gilt für das Emissionsmikroskop in noch überzeugenderer Weise als für das Durchstrahlungs-Übermikroskop (vgl. S. 12). Denn während es bei letzterem immer noch dieselben Objekte sind, deren Kenntnis durch das Elektronenmikroskop in ähnlicher Weise, aber in stärkerem Maße erweitert wird, wie z. B. durch das Ultraviolettmikroskop, führt das Emissionsmikroskop in ein jungfräuliches Forschungsgebiet, in die bildmäßige Verfolgung der Emissionsvorgänge, und eröffnet damit gleichzeitig viele, gänzlich neuartige Möglichkeiten der Anwendung. So hatte man z. B., bevor das Elektronenmikroskop vorhanden war, keine Vorstellung davon, wie eine glühende Kathode von thoriertem Wolfram Elektronen aussendet, während obiges Bild nun erstens zeigt, daß sich Emissionsinseln gebildet haben, zweitens wo die aktiven Bezirke liegen, und drittens, daß bei dieser Kathode im vorliegenden Aktivierungszustand große und kräftige scharfbegrenzte Emissionsstellen vorhanden sind. Das Bild zeigt ferner, daß die Korngrenzen für die Emission eine besondere Rolle spielen.

1936 Mahl [79] .   Vergr.: 90 fach.

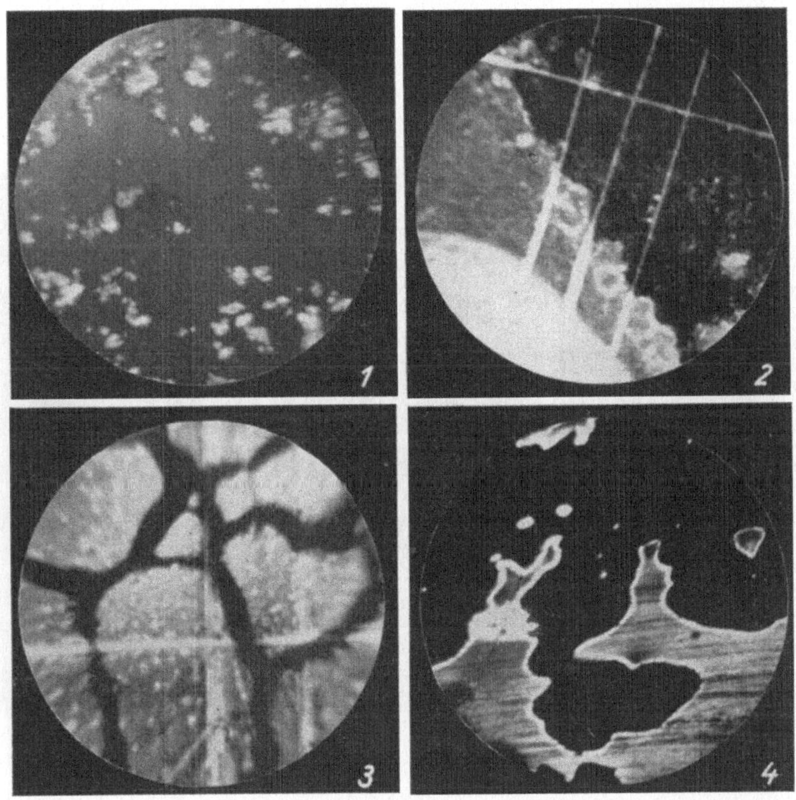

Typen von Glühkathodenbildern.

Die erste Frage, die sich dem Elektronenmikroskopiker aufdrängte, war die Frage nach den Unterschieden im Elektronenbild der wichtigsten technischen Glühkathoden, wie sie in den Verstärkerröhren der Rundfunkapparate, in den Senderöhren der Rundfunksender, in den Braunschen Röhren usw. als Elektronenquelle benutzt werden. In unserern Bildern sind vier typische Kathodenbilder zusammengestellt, die die Verschiedenartigkeit von Glüh-elektronenbildern erkennen lassen. Bilder 1 und 2 geben Oxydkathoden wieder, Bild 3 zeigt eine Aufdampfkathode, Bild 4 eine von ungereinigtem thorierten Wolfram ab-brennende Emissionsschicht. Beide Oxydkathodenbilder stammen von technisch unbrauch-baren Kathoden. Bei ersterer sind nur noch wenige grobe Oxydbrocken vorhanden, bei letzterer ist die Schicht teilweise fein und zusammenhängend, aber — vermutlich infolge von Sauerstoffadsorption — teilweise inaktiv. Gleichmäßiger ist die aufgedampfte Schicht, die nur Störungen der aktiven Gebiete an den Korngrenzen der Kristallite aufweist. Bei dem letzten Bild ähnelt die Emissionsschicht in ihrem Verhalten einer benetzenden Flüssigkeit.

1932/36 Johannson, Knecht, Mahl.   Vergr.: 30...70 fach.

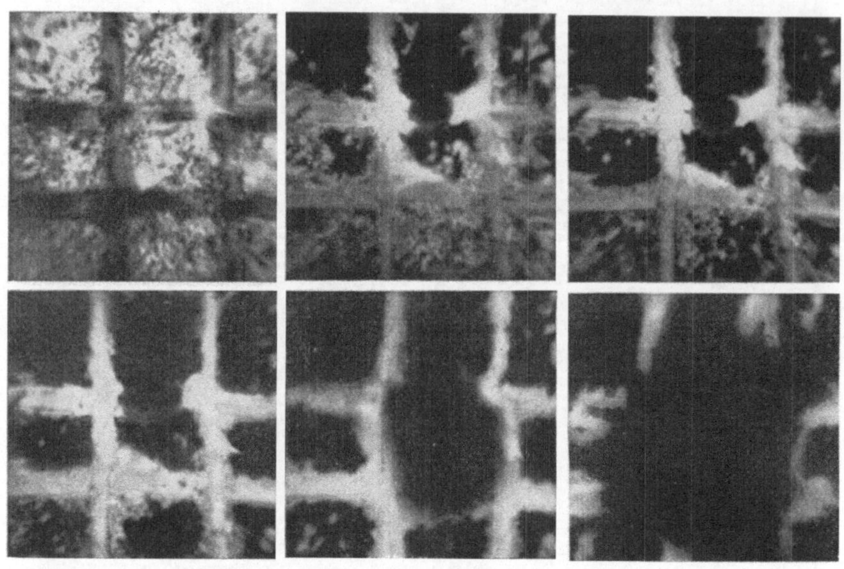

Zerstörung einer Oxydkathode.

Eine mit Bariumpaste bestrichene Nickelkathode, auf die dann einige Rillen eingekratzt worden waren, wurde geglüht. Dabei dampfte das durch Zersetzen des Oxyds befreite Barium zu dem freigelegten Metall, auf dem es sich auch bei dem weiteren Glühen der Kathode am längsten hielt. Allmählich wurde alles Bariumoxyd reduziert und in entsprechendem Maße verschwanden die Oxydkörner. Während des weiteren Glühens verdampfte nun auch das Barium aus den Kratzern mehr und mehr, bis die Kathode beim letzten Bild kaum mehr emittierte. Die Kathode ist „ausgebrannt". — Die obigen Bilder geben die erste Versuchsreihe wieder, die mit einem Elektronenmikroskop aufgenommen wurde. Bei dieser Untersuchung zeigte sich zum ersten Mal die Bedeutung der Elektronenmikroskopie zum Studium von Vorgängen auf Kathoden.

1932 Brüche und Johannson [3].   Vergr.: 65 fach.

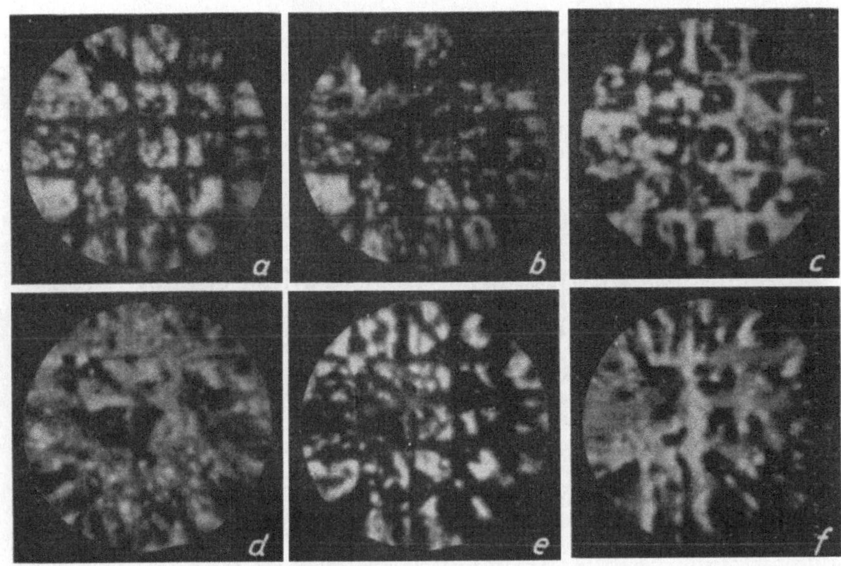

Bildumkehr bei Pastekathoden.

Bereits bei den ersten elektronenmikroskopischen Untersuchungen von Oxydkathoden, bei denen einzelne Stellen blankgekratzt waren, zeigte sich folgende Erscheinung: Während zunächst diejenigen Stellen emittierten, auf die die Oxydpaste aufgetragen war (Bild a), stellte sich nach einiger Zeit der Bildeindruck ins Gegenteil um: Jetzt emittierten die freigekratzten Metallflächenteile der Unterlage, während die Oxydschicht keine Elektronen aussandte (Bild c). Diese „Bildumkehr", die wieder rückgängig werden (Bild e) und sich mehrfach wiederholen kann (Bild f), ist durch das Fortdampfen des reduzierten Bariums von der Paste zu den freien Metallflächen zu deuten. Die Wiederherstellung des Ausgangsbildes kommt durch Abdampfen des Bariums von den blanken Metallteilen und durch neue Reduktion des Bariumoxyds zu metallischem Barium zustande.

1932 Brüche und Johannson [6].
Vergr.: 57 fach.

Über solche und manche andere für den Emissionsfachmann interessante Erscheinungen liegen gefilmte Beobachtungen vor [6, 55, 60, 67], die von der Reichsstelle für den Unterrichtsfilm 1938 zu einem Lehrfilm verarbeitet wurden. [Vgl. Veröffentlichungen der Reichsstelle für den Unterrichtsfilm zu dem Hochschulfilm Nr C 313/1939.]

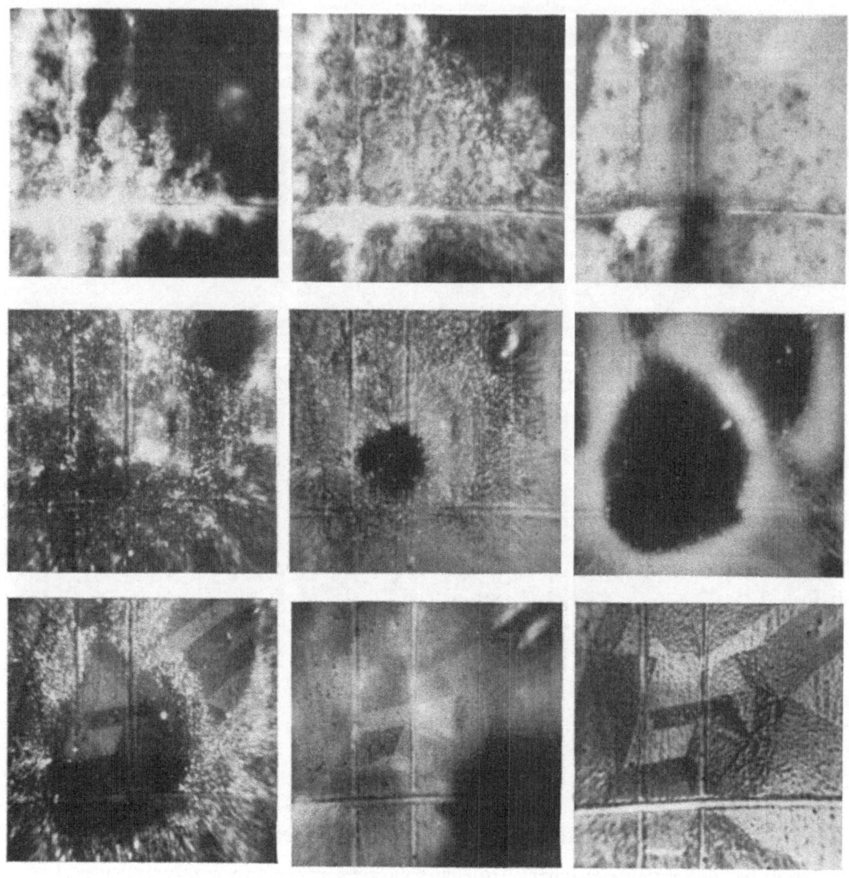

Entwicklung des Strukturbildes aus der Bariumazid-Kathode.

Bei der Bariumazid-Kathode spielt sich die Entwicklung zum Strukturbild ähnlich wie bei der auf der Gegenseite gezeigten Bariumoxyd-Kathode ab. Nur erfolgt hier nicht der Abbau in Schichten; die Struktur erscheint vielmehr stets körnig. Auch spielen die Korngrenzen der Kristallite hier nicht die Rolle wie bei der Oxydkathode auf der Gegenseite. An der gezeigten Azid-Kathode wurde die Entwicklung des Strukturbildes 1933 erstmalig beobachtet.

1933 Johannson [21].

Vergr.: 37 fach.

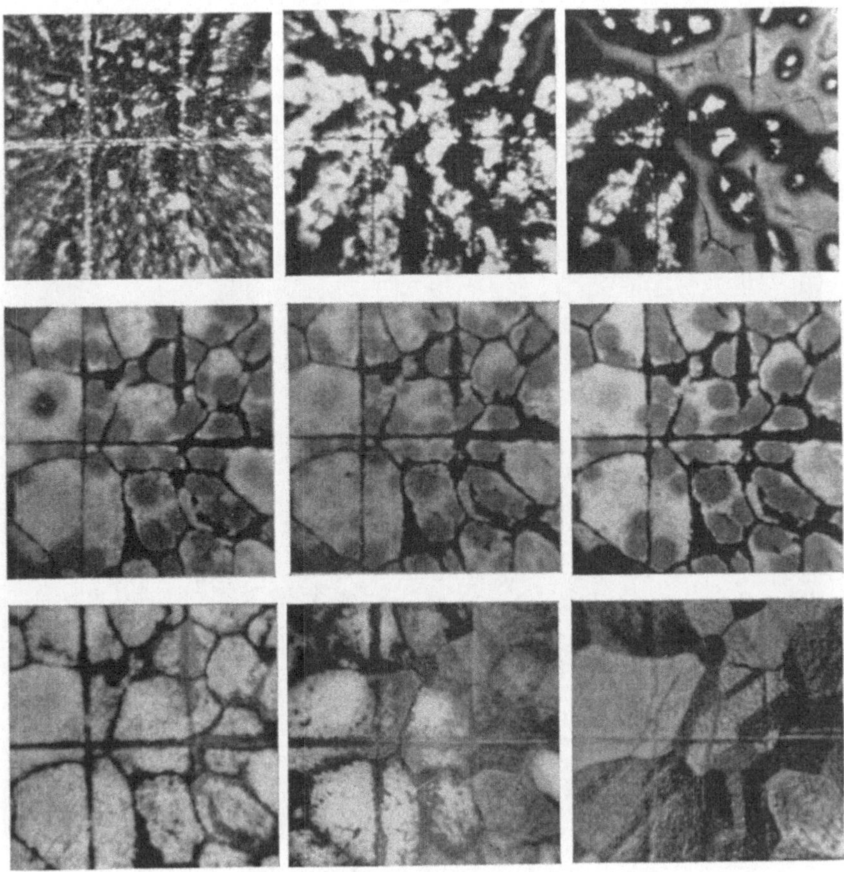

Entwicklung des Strukturbildes aus der Bariumoxyd-Kathode.

Beim Glühen der Oxyd-Kathode verschwinden die Oxydbrocken, das Bariumoxyd wird reduziert. Allmählich bildet sich durch Überdampfen eine zunächst dichte emittierende Schicht auf der Kathode aus, die nur an den Korngrenzen unterbrochen erscheint. Beim weiteren Glühprozeß verdampft das überschüssige Barium. Schichtenweise scheint dieser Abbau zu erfolgen, bis schließlich das elektronenoptische Strukturbild hervortritt, bei dem das Metall nur noch von einer „monoatomaren" aktiven Schicht bedeckt ist.

1934 Knecht [24].   Vergr.: 32fach.

Nickel-Strukturbild mit stark emittierenden Inseln.

1934 Knecht [24, 26].   Vergr.: 50 fach.

Strukturbild einer Nickelkathode.

Die beiden Bilder auf dieser und der vorhergehenden Seite zeigen das Strukturbild am Anfang und Ende eines längeren Glühprozesses. Man beachte, daß die Oxydinseln in der Mitte und links unten im Verlauf des Glühens verschwunden ist und daß Änderungen in der Emissionsverteilung erfolgt sind. Man beachte auch, daß einzelne Kristallite bzw. Kristallitteile ihre Emission gegenüber der Gesamtheit von Grund aus geändert haben. So erscheint beispielsweise der Kristallit über der Bildmitte auf beiden Bildern in ganz anderer Emission. Die Bilder sind aus mehreren Aufnahmen zusammengesetzt. Der Durchmesser der runden Kathode auf obenstehendem Bild betrug 3,3 mm.

1934 Knecht [24, 26].   Vergr.: 30 fach.

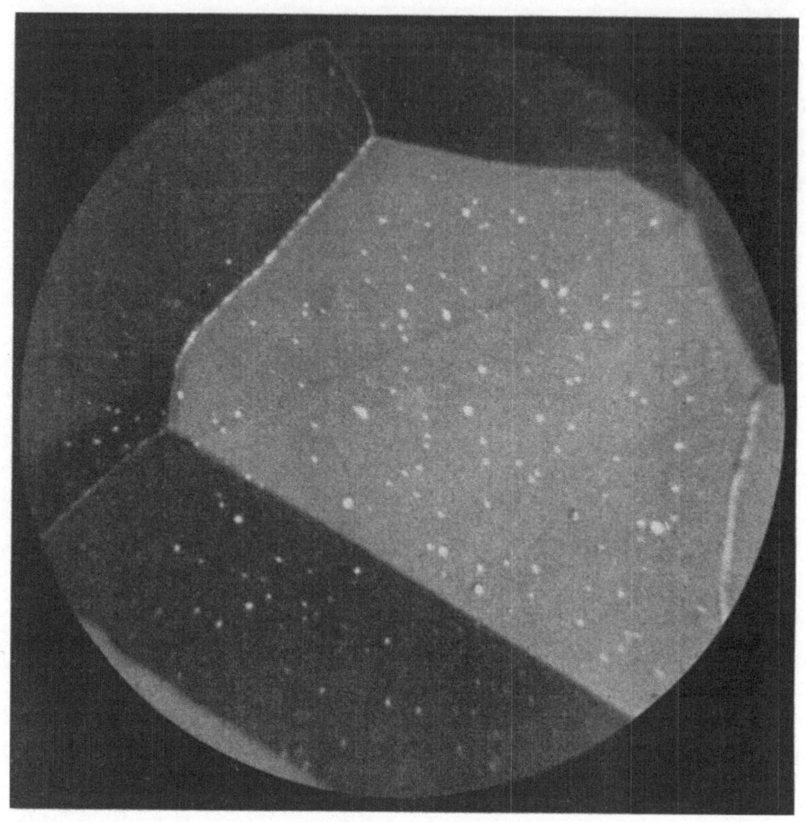

Strukturbild von Nickel mit Bariumtröpfchen.

Im Gegensatz zu den vorhergehenden zwei Bildern ist in diesem Bild ein einzelnes mit einer elektrischen Linse aufgenommenes Strukturbild in 250facher Vergrößerung wiedergegeben. Die Korngrenzen erscheinen noch scharf und die aufgedampften Bariumtröpfchen deutlich begrenzt. Die engstbenachbarten, als Einzelteilchen noch deutlich erkennbaren Tröpfchen haben einen Mittelpunktsabstand von 0,003 mm, so daß man diese Größe auch bei der schärfsten Beurteilung als sichergestellte Auflösung betrachten kann. Vermutlich ist die Auflösung des Emissionsmikroskops in der damals benutzten Form viel höher, ja es ist kein prinzipieller Grund zu der Annahme vorhanden, daß das Emissionsmikroskop nicht auch ein Übermikroskop sein kann.

1934 Brüche und Knecht [36].   Vergr.: 250 fach.

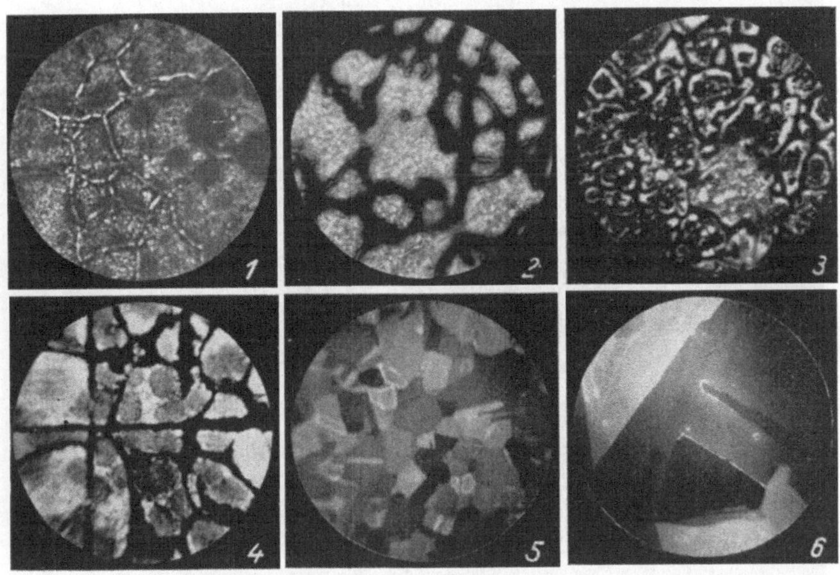

Bedeutung der Korngrenzen.

Bei der Betrachtung des Bildes auf der Gegenseite fällt auf, daß manche Korngrenzen
sehr stark mit Bariumtröpfchen belegt sind und daß hier die Tröpfchen viel unschärfer
erscheinen als auf den Kristallflächen. Auch die Bilder dieser Seite lassen erkennen, daß
die Korngrenzen bei der Elektronenemission eine besondere Rolle spielen. Eine der
Deutungen dieser Beobachtung folgt aus der verschieden kräftigen Emission verschieden
geschnittener Kristallite (Strukturbilder). Diese Emissionsverschiedenartigkeit ist durch verschiedene Austrittsarbeit der Elektronen bedingt. Verschiedene Austrittsarbeit bedeutet
aber verschiedenes Oberflächenpotential, was wiederum zur Folge hat, daß die Korngrenzen Gebiete hoher elektrischer Felder zwischen den Kristalliten sind.

1933/34 Johannson und Knecht.   Vergr.: 50 fach.

Struktur eines Platinbandes.

Die Aufnahme zeigt die sehr erheblichen Unterschiede in der Emission der verschieden geschnittenen Kristallite. Platin läßt sich so hoch heizen, daß die Aufbringung einer besonderen aktiven Schicht nicht erforderlich ist.

1934 Pohl [34].

Vergr.: 60fach.

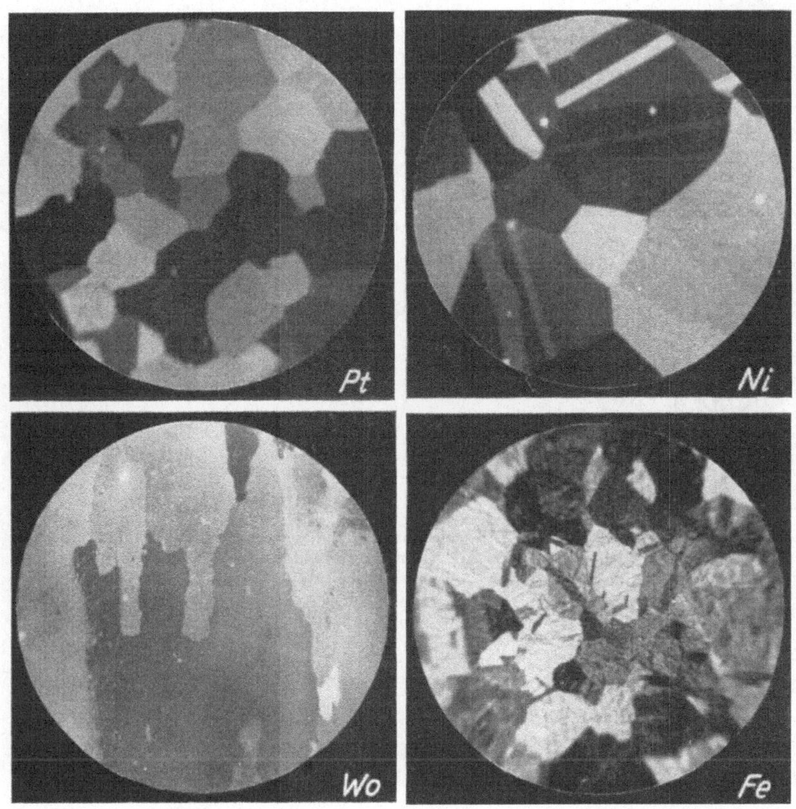

Strukturbilder verschiedener Metalle.

Alle bisher im Emissionsmikroskop untersuchten Metalle wie Platin, Platin-Rhodium, Wolfram, Molybdän, Nickel und Eisen zeigten im Glühzustande das elektronenoptische Strukturbild. Teils war es möglich, die Metalle wie Platin, Platin-Rhodium, Wolfram und Molybdän so hoch zu erhitzen, daß die zur Erzielung genügender Emission erforderlichen Glühtemperaturen erreicht werden, ohne daß Schmelzen eintrat. Teils mußte durch Aufdampfen einer aktiven Schicht die Emission so verstärkt werden, daß auch unterhalb des Schmelzpunktes schon helle Elektronenbilder erhalten wurden.

1933/36 Johannson, Knecht, Schenk.   Vergr.: 30...70 fach.

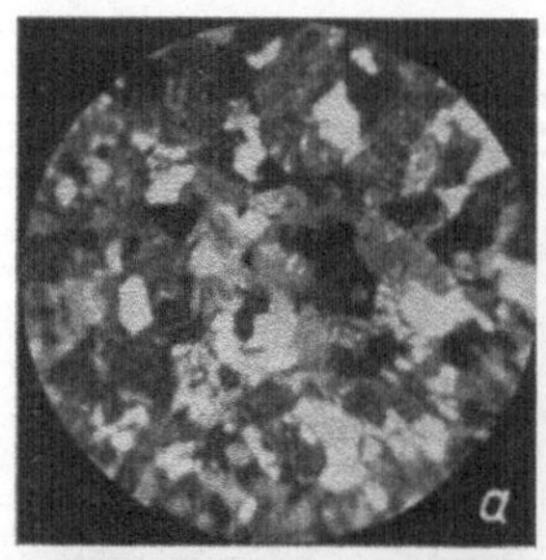

Wachsen eines Nickelkristallits.

1934 Knecht [24].   Vergr.: 55 fach.

Kristallwachstum.

Das Elektronenmikroskop erlaubt das Wachsen von Metallkristalliten (Sammelkristallisation) während des Glühens zu beobachten. Die Vertikalreihe zeigt das Zusammenwachsen von feinen Eisenkristallen zu einem gröberen Gefüge. Die Horizontalreihe läßt den viel seltener beobachtbaren Fall des Wachstums einzelner Kristalle bei Nickel erkennen.

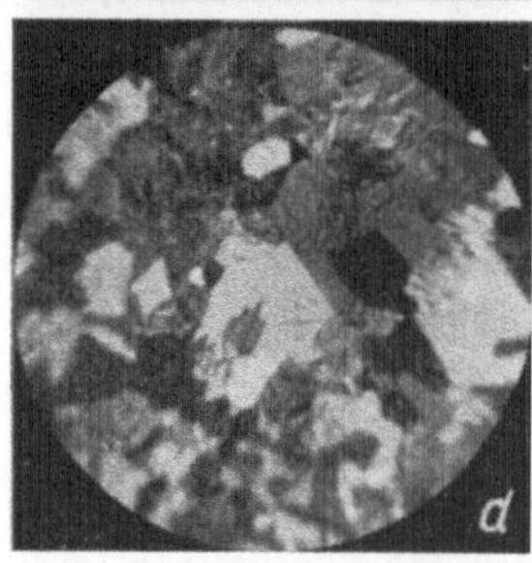

Sammelkristallisieren von Eisen.
1934 Brüche und Knecht [32]. · Vergr.: 60 fach.

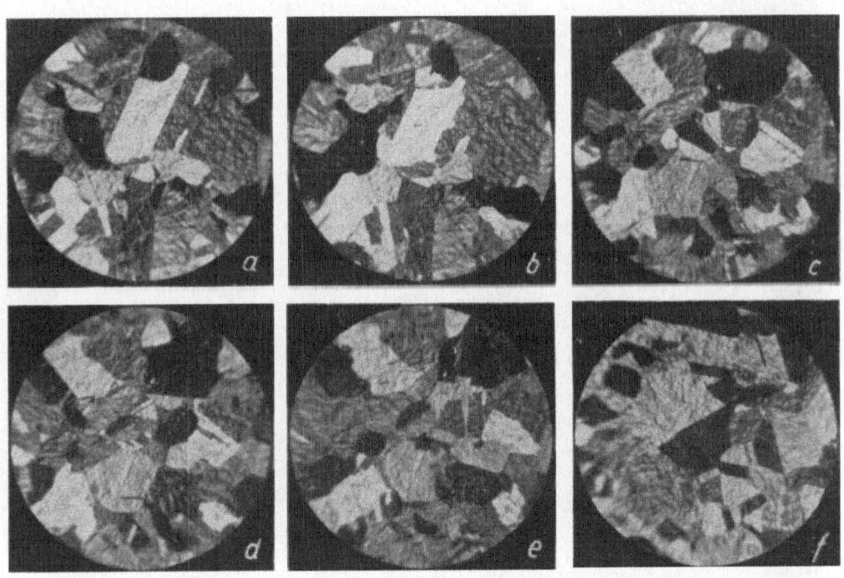

Eisenumwandlung bei 900° C.

Wird Eisen erhitzt, so geht es bei 906° C vom α-Zustand in den γ-Zustand über. Das Elektronenmikroskop zeigt, daß diese innere Umwandlung mit einer Umkristallisation des Gefüges verbunden ist. Ist etwa die linke Seite der Kathode stets etwas wärmer als die rechte, so sieht man bei steigender Temperatur schließlich vom linken Rande ein neues Gefüge hervorwachsen, das sich in einer scharfen Grenze mehr und mehr nach rechts schiebt. Unsere Bilder stammen aus der ersten Untersuchung dieser Art, bei der die ganze Kathode einer Temperaturschwankung unterzogen wurde, wonach man dann feststellte, ob eine Veränderung zu bemerken war. So ist zwischen den Bildern a und b keine wesentliche Änderung im Gefüge bemerkbar, während sich die Bilder b und c von Grund aus unterscheiden usf.

1935 Brüche und Knecht [32].   Vergr.: 55 fach.

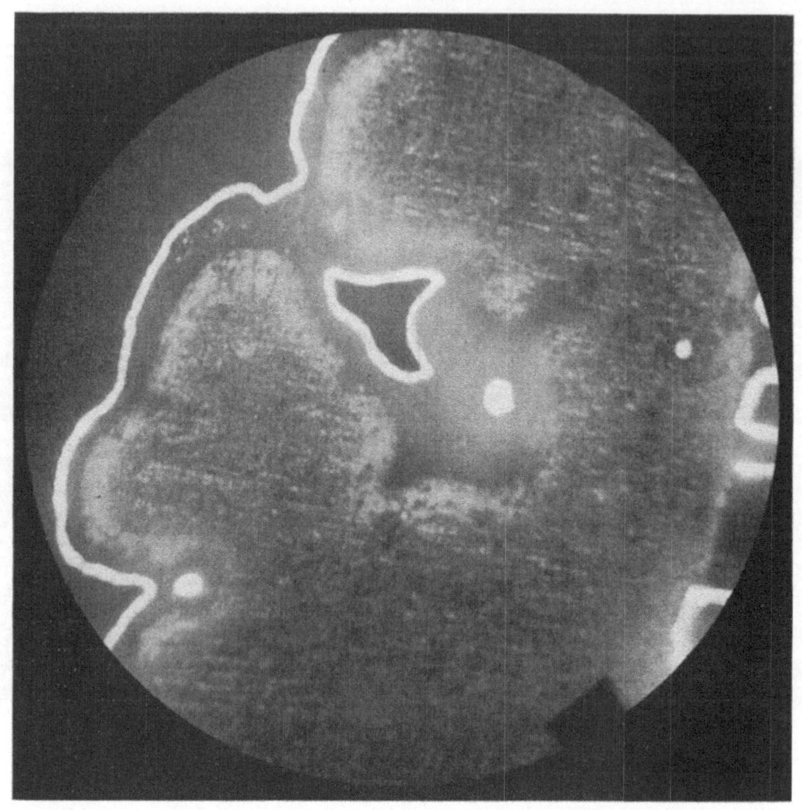

Anheizen eines thorierten Wolframbandes.

Gelegentlich ist es gar nicht erforderlich, auf Kathoden eine besondere aktive Schicht künstlich aufzubringen. Die Kathode sendet bereits bei relativ tiefer Temperatur Elektronen aus, da die „Schmutzschichten" auf der Metalloberfläche bereits aktiv sind. Ein solcher Fall liegt bei dem oben gezeigten Band von thoriertem Wolfram vor, das noch nicht reduziert ist, d. h., bei dem das Thoroxyd noch im Wolfram eingeschlossen ruht. Trotzdem sendet die Kathode in großen Gebieten Elektronen aus, die von sehr stark emittierenden Grenzen scharf umrandet sind. Die Gebiete verengern sich schnell, und wenige Minuten, ja Sekunden, nach dem Anheizen ist diese Erscheinung für immer verschwunden. Die Kathode ist gleichsam „gereinigt". Man hat die Erscheinung als Abdampfen aktiver, aber unbeständiger, dicker Schichten gedeutet und hat vermutet, daß ihr Rand darum verstärkt emittiert, weil dort gerade die Schicht „monoatomar" ist.

1935 Mahl. Vergr.: 50 fach.

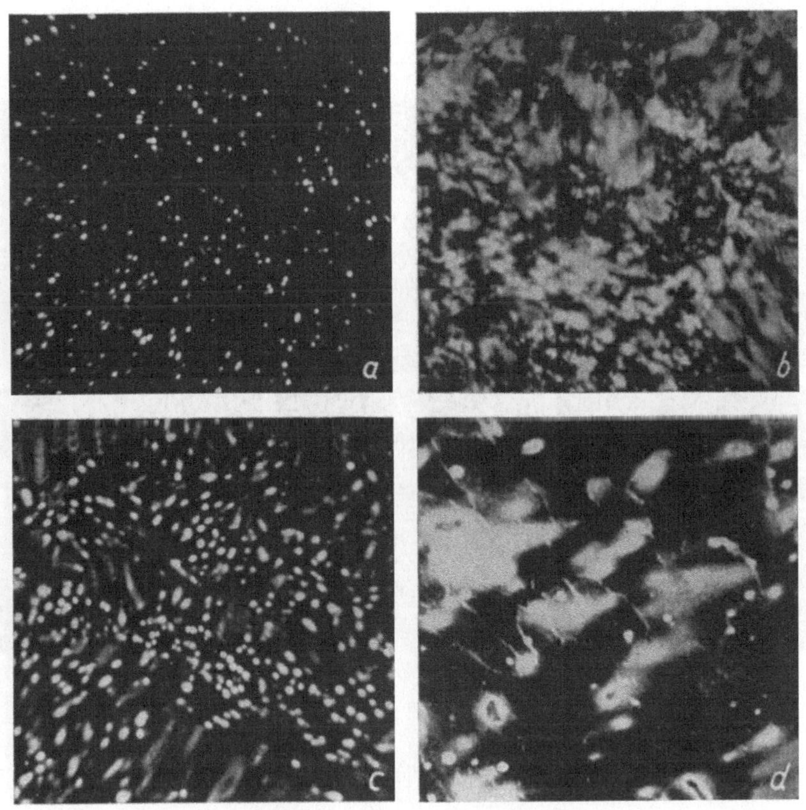

Diffusionsvorgänge auf Oberflächen.

Erhitzt man thoriertes Wolfram über 3000° C, so wird das Thoroxyd reduziert und das Thorium tritt durch Poren an die Oberfläche der Wolframkathode. Im Elektronenmikroskop sind diese Austrittsstellen an der höheren Emission zu erkennen (Bild a). Weiter läßt sich im Elektronenmikroskop verfolgen, wie das Thorium von diesen Thorquellen aus bei einer bestimmten Temperatur über die Oberfläche wandert (diffundiert). Die Diffusionsgeschwindigkeit ist dabei nicht nur von der Temperatur abhängig, sondern auch auf den einzelnen Kristalliten des Gefüges verschieden (Bild b) und kann auf den Kristallflächen bevorzugt nach bestimmten Richtungen erfolgen (Bild c). Die Korngrenzen können dabei eine besondere Rolle spielen (Bild d).

1937 Mahl [79].   Vergr.: etwa 50 fach.

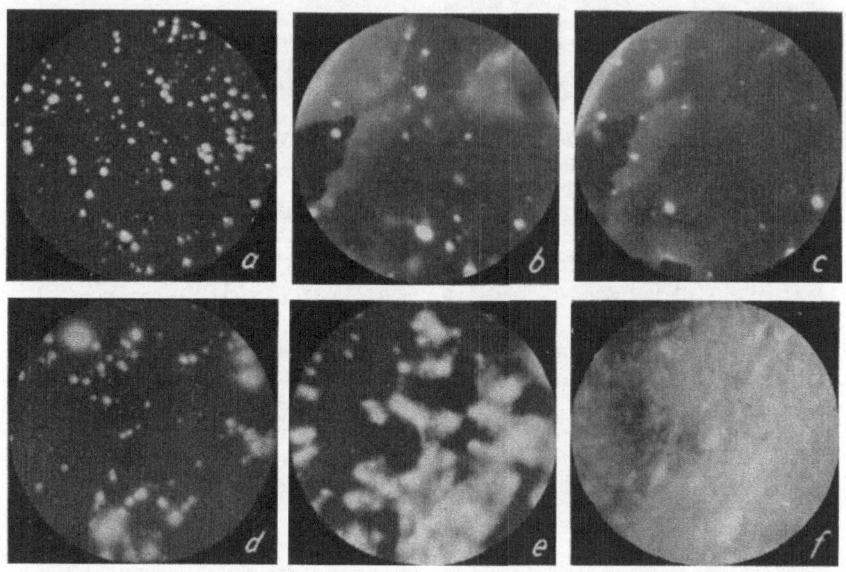

Thoriertes Wolfram.

Nach Langmuirs Anschauung sollte das Thorium, das dem Wolfram beim Herstellungsprozeß beigemischt wird, aus dem Wolfram beim Glühen „herausdiffundieren" und die Oberfläche mit einer monoatomaren aktiven Schicht überziehen. Das Elektronenmikroskop zeigte, daß sich nach der Reduktion einzelne Emissionszentren ausbilden (Bild a), von denen aus dann die Aktivierung der Oberfläche, d. h. das Überziehen der Oberfläche mit aktivem Thor, erfolgt (Bilder a, d, e, f). Ferner lehrt das Elektronenmikroskop, das außer den Austrittsstellen des Thors auch die kristalline Struktur des Wolframs zu zeigen vermag, daß das Thor mitten aus den Kristalliten durch feinste Poren hervorbricht (Bilder b, c).

1935 Brüche und Mahl [55].   Vergr.: 24 fach.

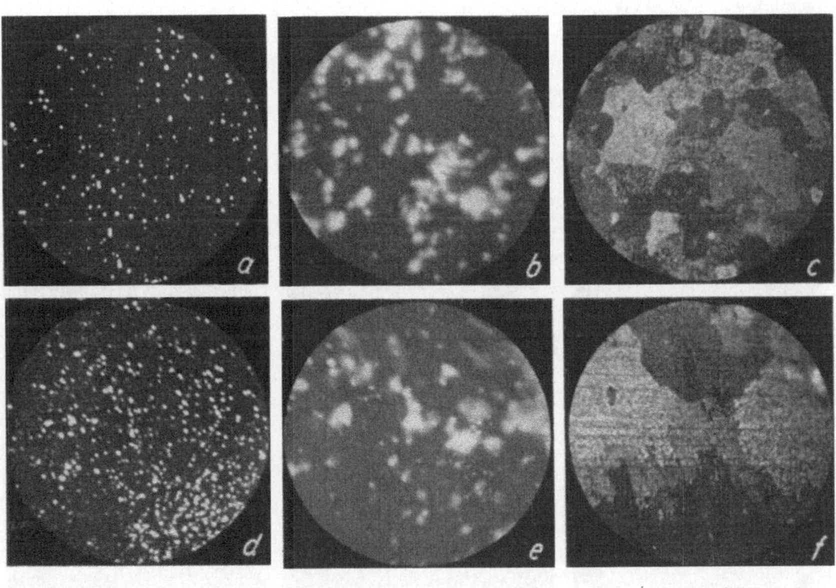

<table>
<tr><td>Nach der Reduktion</td><td>Beginnende Thorausbreitung</td><td>Strukturbild</td></tr>
</table>

Thoriertes Wolfram und thoriertes Molybdän.

Es ist eine auch technisch interessante Frage, ob die Emissionsbilder von thoriertem Wolfram und thoriertem Molybdän wesentliche Unterschiede aufweisen. Nach der Stellung von Wolfram und Molybdän in der gleichen Gruppe des periodischen Systems und nach dem allgemeinen physikalischen Verhalten liegt es nahe, gleichartige Emissionsbilder in entsprechenden Temperaturbereichen anzunehmen. Das Elektronenmikroskop bestätigt eindeutig diese Vermutung, wie es die obigen Bilder zeigen, deren obere thoriertes Molybdän, deren untere thoriertes Wolfram in entsprechenden Aktivierungsphasen zeigen.

1936 Brüche und Mahl [67].   Vergr.: 25 fach.

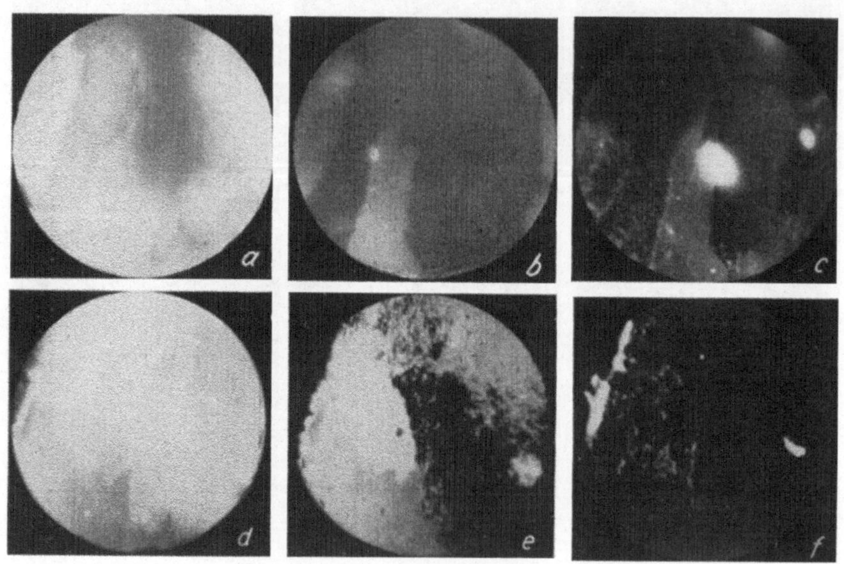

Zerstörung der aktiven Schicht bei thoriertem Wolfram.

Die beiden Bildreihen zeigen zwei Beispiele für die Entaktivierung einer aktivierten Thorium-Wolfram-Kathode (vgl. S. 40, insbesondere Bild f). Bei der oberen Reihe wurde die Kathode sehr stark geheizt, so daß die Zerstörung der Emissionsschicht durch Abdampfen des Thoriums stattfand. Bei der unteren Bildreihe wurde etwas Sauerstoff in das Versuchsrohr eingelassen, der sich an das Thorium anlagerte und auf diese Weise die Emission der Kathode herabsetzte. Bei beiden Versuchsreihen zeigt sich, daß der Entaktivierungsvorgang, d. h. das Abdampfen bzw. der Sauerstoffangriff, von der Schnittrichtung der Kristallite abhängig ist.

1936 Mahl [73].

Vergr.: 25 fach.

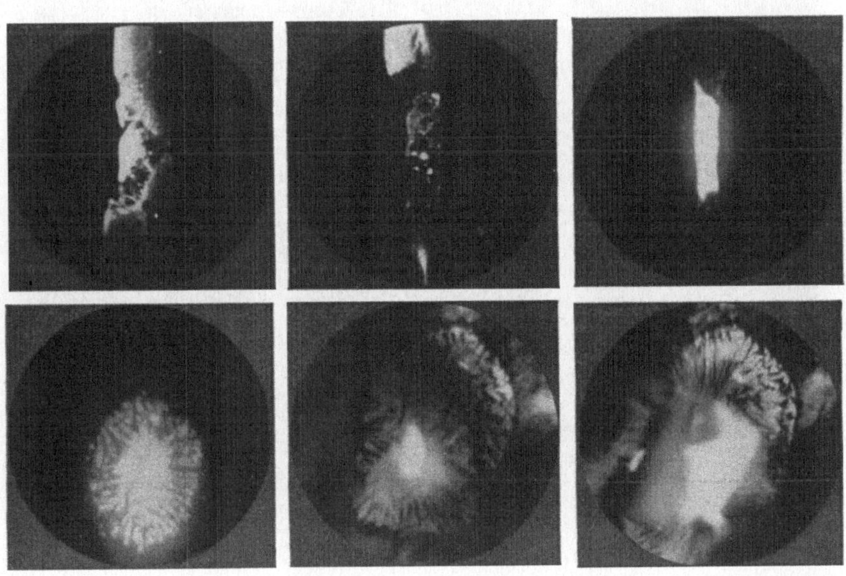

Schmelzvorgänge.

Wenn der Schmelzpunkt eines Metalles oder eines anderen leitenden Stoffes hoch genug liegt, ist es möglich, mittels der ausgesandten Glühelektronen den Schmelzvorgang zu verfolgen. So zeigt die obere Bildreihe den Schmelzvorgang eines Steatitröhrchens, in dessen Innern ein Wolframdraht glüht. Das überheizte Röhrchen schmilzt weg, bis schließlich der Wolframdraht selbst erscheint. Liegt die Schmelztemperatur nicht so hoch, daß genügend glühelektrische Elektronen austreten, so vermag man doch den Vorgang durch andersartig ausgelöste Elektronen zu verfolgen. So läßt die untere Bildreihe das Schmelzen einer Goldfolie erkennen, die von hinten durch einen intensiven Elektronenstrom zum Schmelzen gebracht wurde. Die Abbildung erfolgte hier durch Sekundärelektronen.

<table>
<tr><td>1938 Mahl [94].</td><td>Vergr.: 20 fach.</td></tr>
<tr><td>1936 Behne [63].</td><td>Vergr.: 60 fach.</td></tr>
</table>

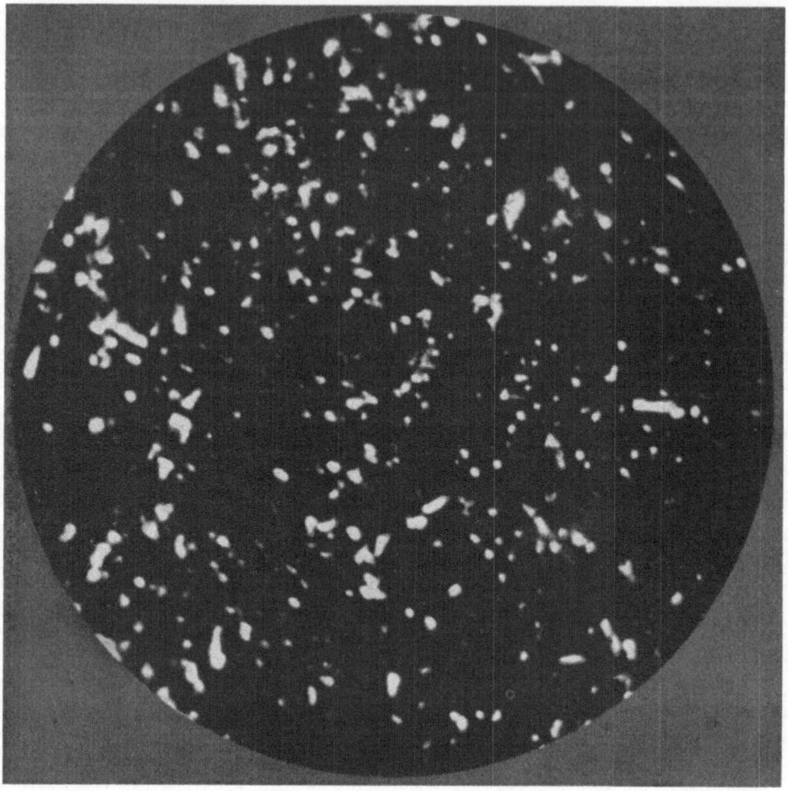

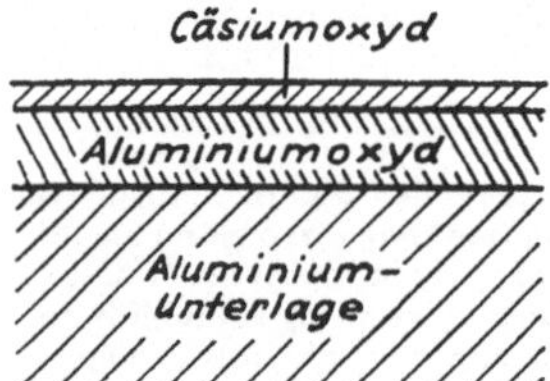

Emissionsverteilung bei einer Malterschicht.

1936 wurde von Malter eine eigenartige Emissionserscheinung gefunden: Bestrahlt man eine oxydierte Aluminiumfläche, die mit Cäsium behandelt ist, mit Elektronen, so kann die Kathode bis zu 1000mal mehr Elektronen aussenden, als auf sie auftreffen. Dieser schließlich sehr starke Strom klingt nach Aufhören der Bestrahlung langsam ab. Zur Erklärung dieser Erscheinung nimmt Malter an, daß sich die Cäsiumoxydfläche, die vom Aluminium durch eine schlecht leitende Oxydschicht getrennt ist, bei Elektronenbestrahlung zunächst durch Aussenden von Sekundärelektronen positiv auflädt. Wegen der geringen Dicke der Oxydschicht entsteht ein hohes Feld zwischen der Cäsiumoxydoberfläche und der Aluminiumunterlage, das zu einem Ausbruch von Elektronen aus dem Aluminium führen kann. Das Elektronenmikroskop zeigt, daß diese Ausbrüche von Feldelektronen aus vielen über die Kathode verteilten Emissionszentren erfolgen. Diese Zentren flackern auf und erlöschen wieder, um dann an einer anderen Kathodenstelle wieder aufzutauchen.

1937 Mahl [82].   Vergr.: 18 fach.

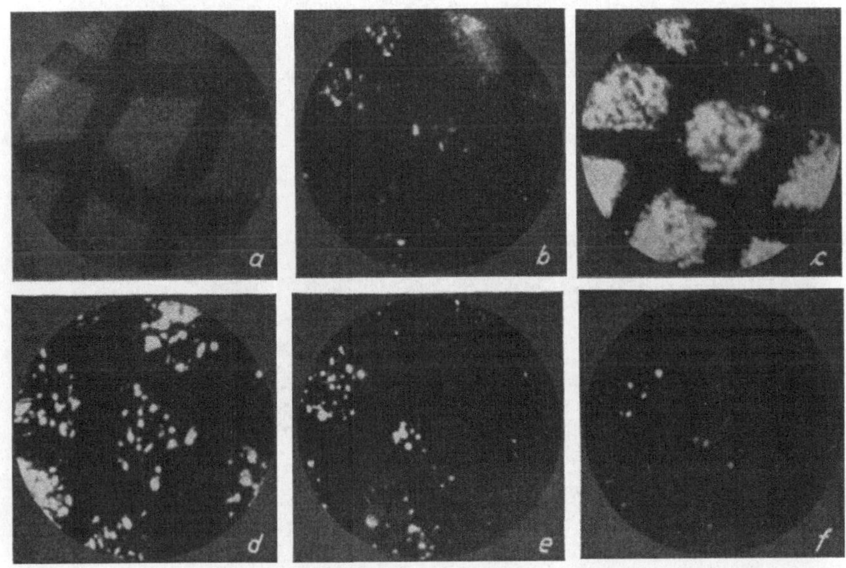

Auf- und Abbau der Emission beim Maltereffekt.

Obere Reihe Aufbau: 0, 10 u. 60 Sekunden nach Beginn der Elektronenbestrahlung.
Untere Reihe Abbau: 10, 60 u. 180 Sekunden nach Aufhören der Elektronenbestrahlung.

Das Elektronenmikroskop läßt den Aufbau (obere Reihe) und den Abbau des Maltereffektes (untere Reihe) verfolgen. Das erste Bild zeigt die anfänglich schwache gleichmäßige Sekundäremission, die mit der Elektronenbestrahlung beginnt. Zehn Sekunden nach Beginn der Elektronenbestrahlung sind die ersten Elektronenausbrüche aus der Malterkathode deutlich erkennbar. Nach 60 Sekunden sind die Ausbrüche so zahlreich, daß die bestrahlten Flächenbezirke fast gleichmäßig emittieren. Entsprechend klingt nach Aufhören der primären Elektronenstrahlung die Feldemission langsam wieder ab.

1937 Mahl [87].   Vergr.: 6 fach.

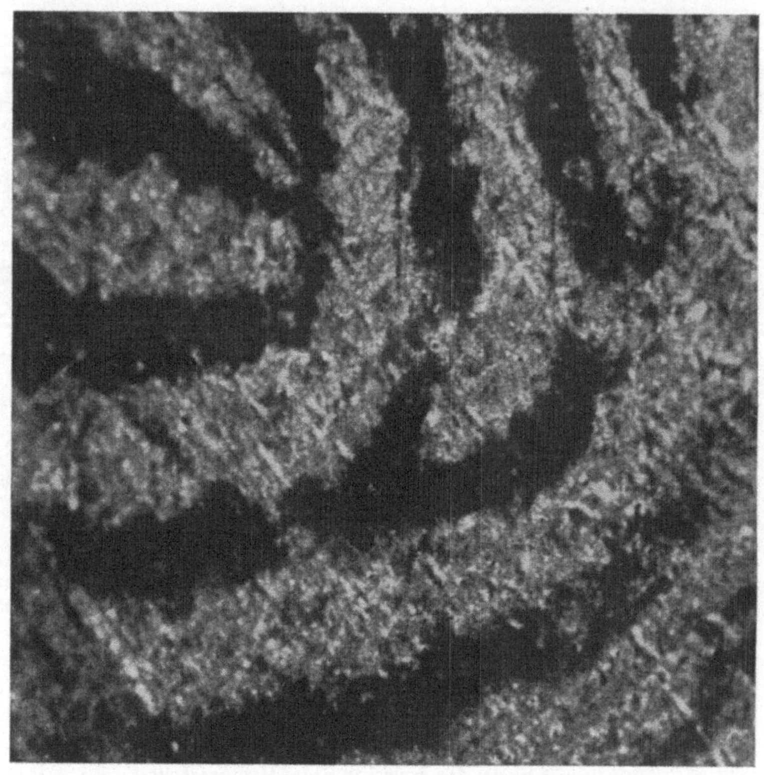

Nachweis von Fettschichten.

Eine geschabte Aluminiumplatte wurde mit Ultraviolettlicht bestrahlt und mit einer Elektronenlinse abgebildet. Die geringe, auf das Aluminium von einem Fingerabdruck herrührende Verunreinigung, die mit dem Auge nicht zu erkennen war, verwehrte den Elektronen den Austritt, so daß diese Stellen im Elektronenbild dunkel erscheinen. Hier zeigt sich also abermals ein neues Anwendungsgebiet für das Elektronenmikroskop, nämlich die Nachweismöglichkeit dünnster Schichten von Fremdstoffen auf Metallen.

1934 Pohl [34].   Vergr.: 60 fach.

Nachweis von Gasschichten.

Zeigt das Bild auf der Gegenseite die Verringerung der Emission durch dünnste Ver-
unreinigungen, die auf eine Metallplatte aufgetragen waren, so läßt das obige Bild im
Gegensatz dazu die Erhöhung der Emission durch Abtragung der obersten Schicht einer
Metallfläche erkennen. Bei dieser Abtragung, die mit einem Stichel im Vakuum vorge-
nommen wurde, ergab sich eine erhöhte Emission des geschabten Metalls. Die Erscheinung
ist dadurch bedingt, daß Metalloberflächen sich mit Gasen zu beladen pflegen,
wodurch die Emission herabgesetzt wird. Das Elektronenmikroskop kann also auch zum
Nachweis unsichtbarer Gashäute dienen.

1934 Pohl [49].   Vergr.: 15 fach.

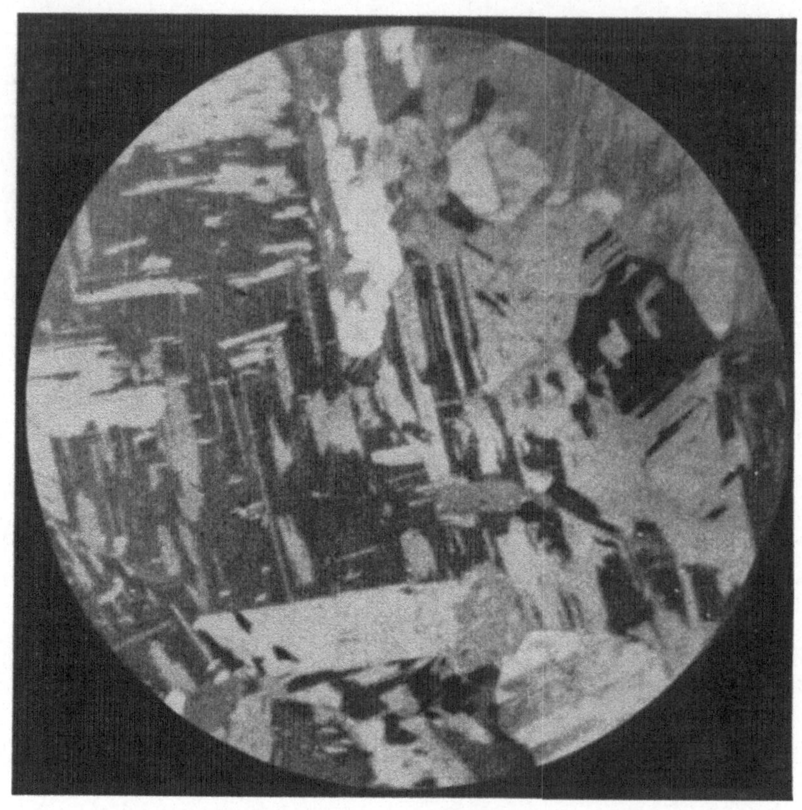

Lichtelektrisches Strukturbild.

Nachdem in früheren Bildern die Anwendung des Elektronenmikroskops zur Strukturuntersuchung bei Glühelektronen gezeigt war, seien nun Beispiele aus dem Gebiet der Lichtelektrizität betrachtet. Unser Bild gibt ein lichtelektrisches Strukturbild wieder. Strukturbilder waren bei lichtelektrischen Bildern zunächst nur gelegentlich zu erhalten. Bei Metallen, deren Oberfläche poliert worden war, waren sie besonders schwer zu erhalten. Erst als man die zu untersuchenden Metalle geglüht hatte, entwickelten sie sich in voller Deutlichkeit. Zur Deutung dieser Beobachtungen wird man annehmen, daß vor dem Glühen keine kristallische Oberflächenschicht vorhanden war, sondern eine verschmierte Schicht, die erst durch das Glühen aus dem Vollmaterial heraus rekristallisierte.

1937 Groß (als Gast) [Z. Phys. 105, 734].   Vergr.: 75fach.

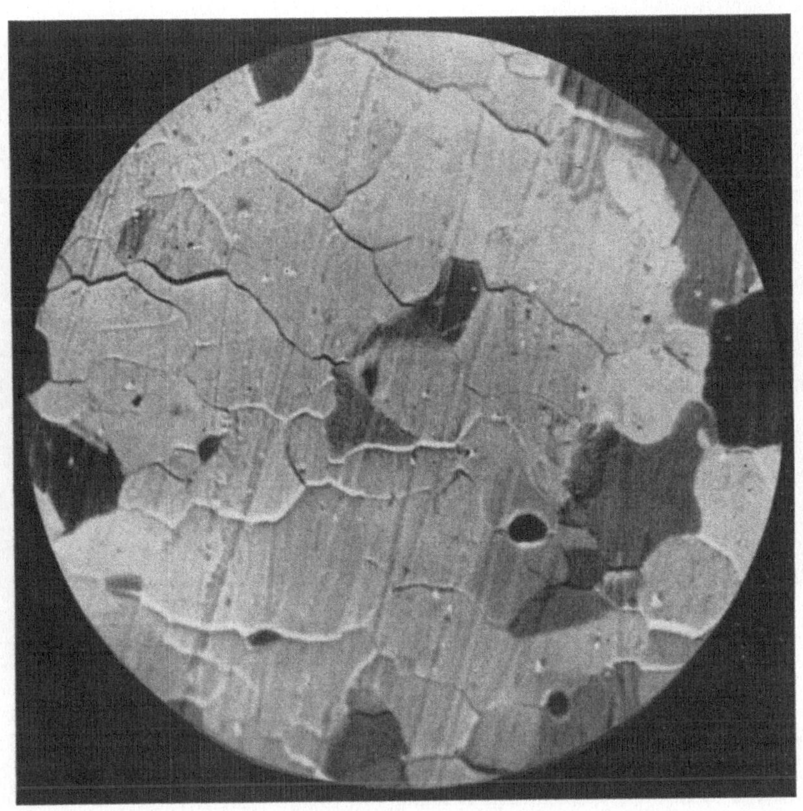

Lichtelektrisches Strukturbild von Platin.

Während das Bild auf der Gegenseite das Strukturbild einer vollständig planen Oberfläche zeigt, gibt obiges Bild eine Platinoberfläche wieder, deren einzelne Kristallite durch
starkes Glühen etwas in der Höhe gegeneinander verschoben sind. So treten neben der
verschieden kräftigen Emission der Kristallite die Korngrenzen deutlich hervor. Nehmen
wir an, daß das Licht, das die Elektronen auslöst, schräg von oben auf die dem Bild entsprechende Kathode trifft, so werden wir schließen, daß die Kristallite mit einem hellen
oberen Rand aus der Fläche herausgetreten, die Kristalle mit einem dunklen oberen Rand
aber in die Fläche versenkt sind.

1934 Pohl [34].   Vergr.: 70 fach.

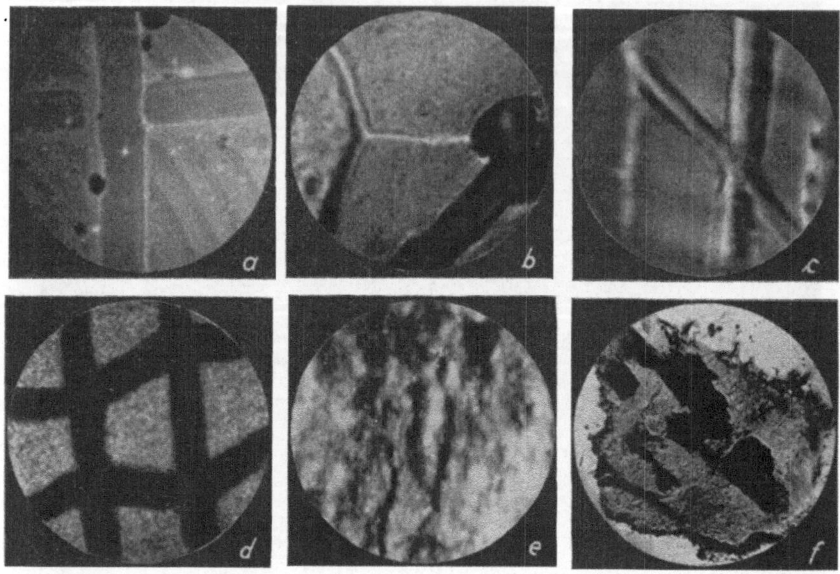

Abbildung mit verschiedenartig ausgelösten Elektronen.

Elektronenauslösung durch Glühen und durch Lichtbestrahlung sind die beiden wichtigsten Möglichkeiten, die Elektronen zur Emissionsmikroskopie zu erhalten. Außerdem gibt es noch andere Möglichkeiten, die jedoch seltener zur Anwendung gekommen sind. Von letzteren berichtet die Bildzusammenstellung.

a) Elektronenauslösung durch Gasentladungsionen. Kupferkathode mit Kratzern.
1938 Mahl [91].   Vergr.: 100 fach.

b) Elektronenauslösung durch Gasentladungsionen. Teil eines vertrockneten Buchenblattes.
1938 Mahl [91].   Vergr.: 15 fach.

c) Elektronenauslösung durch Glühionen. Geritzte Nickelkathode.
1938 Mahl [94].   Vergr.: 30 fach.

d) Elektronenauslösung durch Elektronen (Sekundärelektronenauslösung). Oxydierte Aluminiumoberfläche, auf die durch Elektronenbestrahlung ein Netzschatten aufprojiziert ist.
1937 Mahl [87].   Vergr.: 6 fach.

e) Elektronenauslösung durch Elektronen, die auf der Rückseite der Folie auftreffen (Sekundärelektronenauslösung bei Durchstrahlung). Goldfolie.
1936 Behne [63].   Vergr.: 50 fach.

f) Elektronenauslösung durch ultraviolettes Licht (Lichtelektrische Auslösung). Kupferkies mit Einschlüssen.
1935 Mahl [40].   Vergr.: 7 fach.

Strukturlose lichtelektrische Schicht mit aufprojiziertem Diapositivbild.

Auf eine weitgehend strukturlose lichtelektrische Schicht wurde das Diapositivbild Otto v. Guerickes projiziert. Durch das Auftreffen des Lichtes wurden Elektronen ausgelöst, die von einem elektronenoptischen Abbildungssystem erfaßt werden. Da die an jedem Punkt der Schicht ausgelöste Elektronenmenge der auftreffenden Lichtmenge proportional ist, ergibt sich so auf dem Leuchtschirm dem Bilde der strukturlosen Kathode überlagert das aufprojizierte Diapositivbild.

1936 Brüche und Komitsch [75].

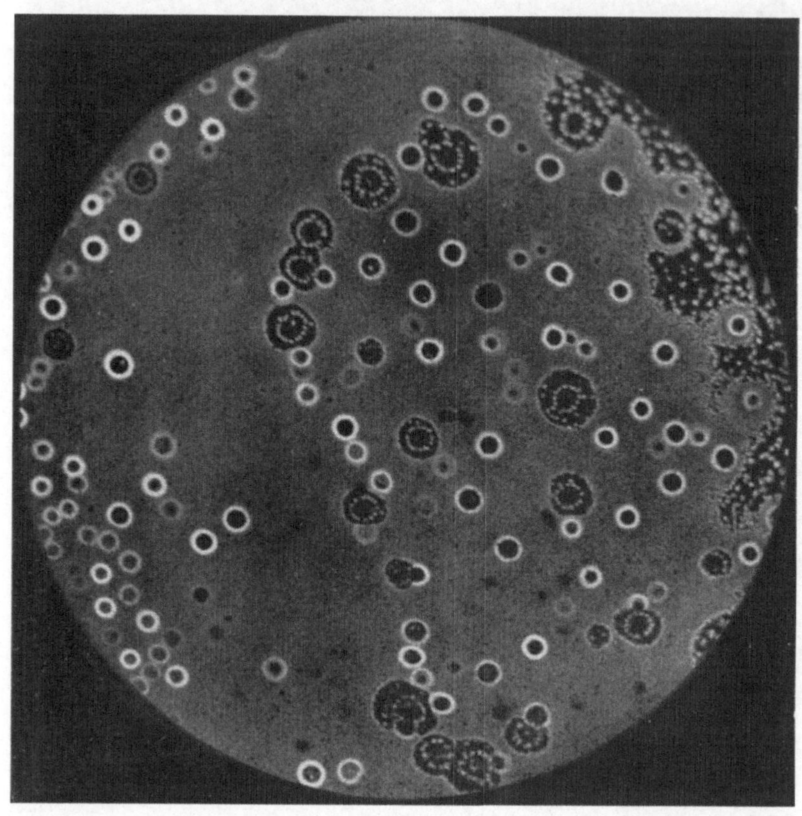

Bild einer fehlerhaften lichtelektrischen Schicht.

Lichtelektrische Schichten, wie sie z. B. bei Fotozellen verwendet werden, sollen überall möglichst viele Elektronen bei einer geringen auftreffenden Lichtmenge abgeben. Sie sollen daher auch strukturlos sein. Die Schicht, von der das oben wiedergegebene Elektronenbild erhalten wurde, erfüllt diese Bedingung nicht, denn es haben sich verschiedene Störungsbezirke ausgebildet. Die Kathode ist daher insbesondere für alle Anwendungen (s. Nebenseite) unbrauchbar, bei denen Strukturlosigkeit der Schicht Voraussetzung ist.

1935 Schaffernicht.   Vergr.: etwa 3 fach.

Infrarotbild eines Hauses.

Bei dieser Aufnahme wurde das Bild des Hauses direkt auf die Photokathode projiziert und in ein Elektronenbild umgewandelt. Dieses Verfahren gibt die Möglichkeit, ein unsichtbares Ultrarotbild sichtbar zu machen, indem man dem Elektronenstrahlengang durch Beschleunigung der Elektronen Energie zuführt. Auch obiges Bild ist ein umgewandeltes Ultrarotbild, was man an dem „schneeigen" Baum im Vordergrund erkennt.

1935 Katz und Schaffernicht [42].

Elektronenbild einer Strichzeichnung.

Bei dem kleinen Bild links ist die Zeichnung von Wilhelm Busch auf eine strukturlose lichtelektrische Kathode projiziert und elektronenoptisch abgebildet worden. Bei dem läng-
lichen Bild rechts, das nachvergrößert wiedergegeben ist, war außerdem eine elektronenoptische Zylinderlinse eingeschaltet worden, die das Elektronenbild in die Länge
zog. Mit Hilfe der Elektronenoptik ist eine solche Änderung des Verhältnisses von Breite
und Länge eines Bildes sehr einfach kontinuierlich durchführbar.
1936 Brüche und Komitsch [80].

54

IV. Durchstrahlungs-Mikroskopie.

Elektronenmikroskopie bei geringer Vergrößerung.

Das Elektronenmikroskop ersetzt das Lichtmikroskop bei Fragestellungen, die letzterem unzugänglich sind. Solche Fragestellungen sind erstens die Abbildung von Elektronen ausstrahlenden Körpern (Emissionsmikroskopie), zweitens die Überschreitung der Auflösungsgrenze des Lichtmikroskops (Übermikroskopie, insbesondere Durchstrahlungs-Übermikroskopie).

Wie man bei der ersten Aufgabe im allgemeinen an die Untersuchung von emittierenden Kathoden zum Studium der Emissionseigenschaften denkt, so bei der zweiten an die übermikroskopische Abbildung der üblichen licht-mikroskopischen Objekte wie Bakterien usw. In beiden Fällen gibt es jedoch auch Anwendungen, die nicht zu diesen Hauptproblemen gehören, so bei der Emissionsmikroskopie die auf den Seiten 46, 36 behandelten Probleme des Sichtbarmachens von Fremdschichten, die Umkristallisation von Metallen usw. Auch bei der Durchstrahlungs-Mikroskopie sind nicht nur die Fragen der Übermikroskopie von Interesse, wie es die folgenden beiden Dunkel-feldbilder zeigen.

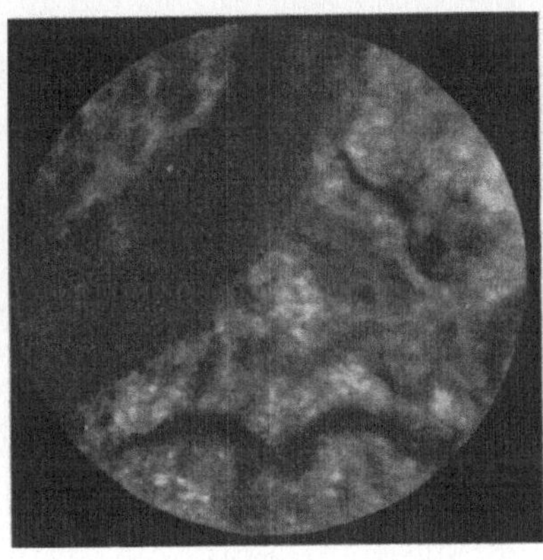

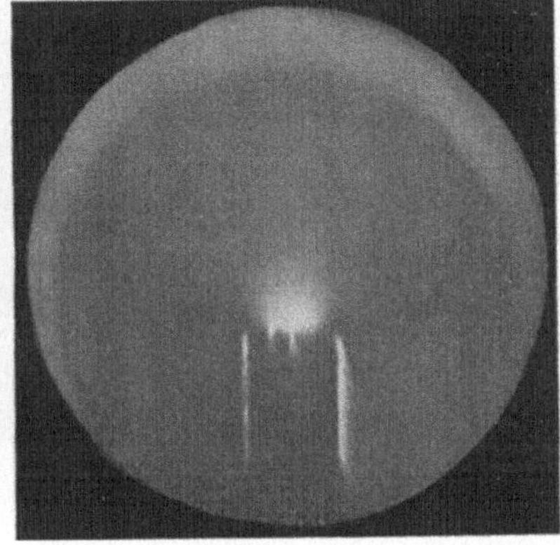

<table>
<tr><td align="center">

Goldfolie,

bei der die Kriställchen einer bestimmten Lage an ihrer starken Helligkeit erkennbar werden (vgl. auch S. 75).

1936 Boersch [68].

</td><td align="center">

Dampfstrahl

sehr geringer Dichte tritt aus einer Düse in einen Hochvakuumraum aus. Dampfstrahl und Rand der Düse sind erkennbar.

1937 Boersch [84].

</td></tr>
</table>

Übermikroskopie und Beugung.

Im Lichtmikroskop entsteht nach Abbe außer dem eigentlichen Bild des Gegenstandes auch ein Beugungsbild. Dieses Beugungsbild ist für die Bildentstehung von größter Wichtigkeit. Deckt man das Beugungsbild teilweise ab, so entsteht ein gefälschtes Bild des Gegenstandes. Das geschieht auch durch die Begrenzung des Objektivs dann, wenn bei der Abbildung kleinster Teilchen die abgebeugten Strahlen stark gegen die optische Achse geneigt sind. Gelangt nämlich dieses Licht, das dem ersten Beugungsmaximum entspricht, nicht mehr ins Objektiv, so wird der betreffende Gegenstand nicht mehr abgebildet, die Auflösungsgrenze ist erreicht.

Im Elektronenmikroskop liegen die Verhältnisse ebenso. Auch hier ist ein Beugungsbild vorhanden und zu beobachten. Auch hier ist das Studium der Beugungserscheinungen und die Untersuchung des Beugungsbildes notwendig, um Klarheit über den Vorgang der Bildentstehung im Elektronenmikroskop, insbesondere im Durchstrahlungs-Übermikroskop, zu erhalten (1936, Boersch [65, 68]).

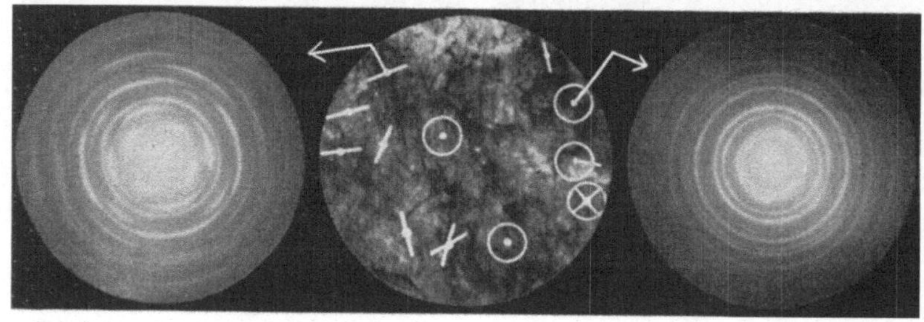

Elektronenbild und Beugungsbild.

In der Mitte ist das Elektronenbild einer durchstrahlten Goldfolie wiedergegeben. An den Seiten stehen die zu den angegebenen Bezirken der Folie gehörigen Beugungsbilder. Durch Ausblenden im Bild erhält man Aufschlüsse über den Aufbau der Folie von Punkt zu Punkt. Man kann aber auch durch Ausblenden im Beugungsbild Aufschlüsse über alle Kristalle bestimmter Lagerung in der Folie erhalten.
1936 Boersch [68].   Vergr.: 80 fach.

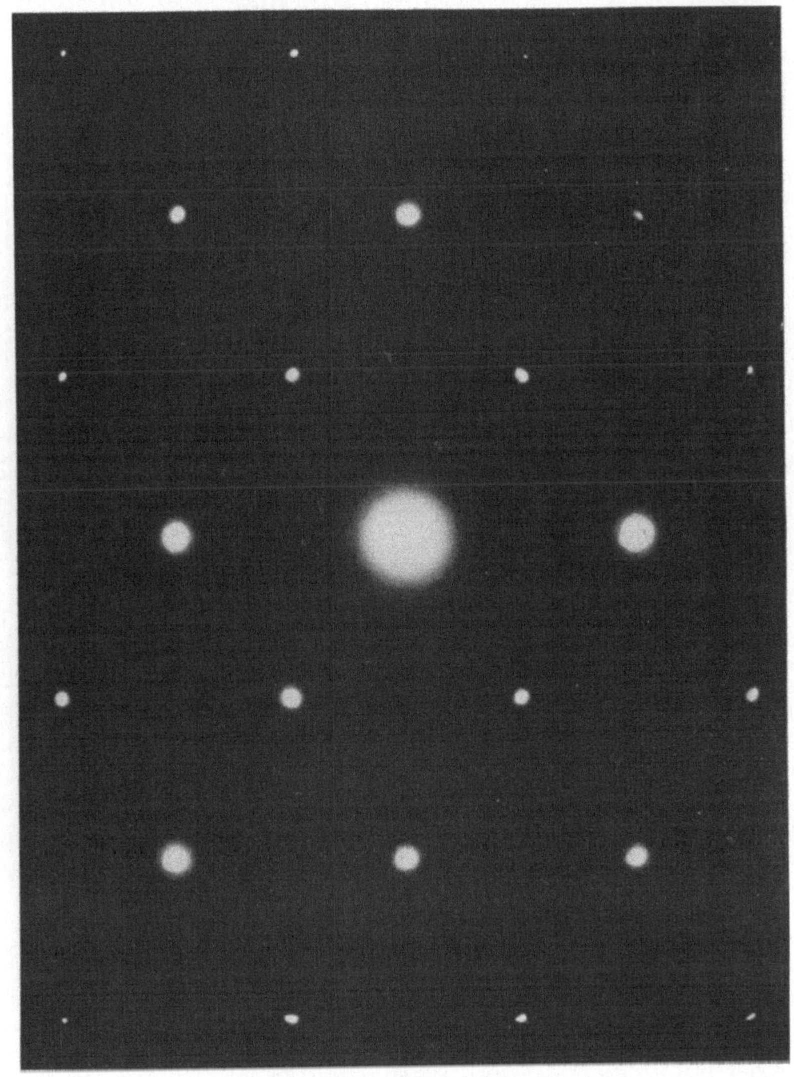

Elektronenbeugungsbild.

Diese Aufnahme wurde beim Durchtritt eines feinen Elektronenstrahls durch einen Kochsalz-Kristall erzielt. Da solche Bilder nur bei der Wechselwirkung von Wellenstrahlung mit den Gitterstrukturen der Kristalle auftreten, gelten sie als Beweis des Wellencharakters der Elektronenstrahlung.

1940 Boersch [114].

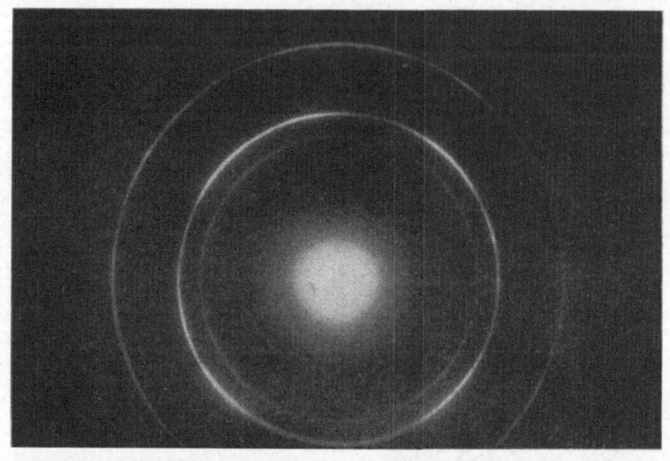
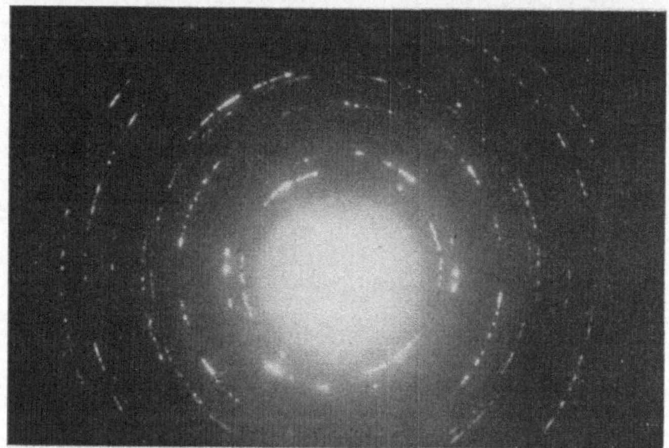

Elektronenbeugungsbilder

von Gold (oben) und von Kochsalz (unten). Derartige Aufnahmen geben Aufschluß über die Abstände der Atome in den Kristallgittern und die Ausdehnung der zusammenhängenden Gitterkomplexe. Solche Beugungsaufnahmen ergänzen die Leistungen des heutigen Übermikroskops, das solche Aussagen wegen der praktischen Begrenzung des Auflösungsvermögens direkt noch nicht ermöglicht.

1940 Boersch [115].

Vom Mikroskop zum Übermikroskop.

1876 spricht Abbe[1]), der große Optiker des vorigen Jahrhunderts, der die prinzipielle Grenze des Lichtmikroskops erkannte, seinen Glauben dahin aus, daß einst das Vordringen zu kleinsten Dimensionen über die Grenze des Lichtmikroskops hinaus möglich sein würde:

> *„Nach allem, was im Gesichtskreis unserer heutigen Wissenschaft liegt, ist der Tragweite unseres Sehorgans durch die Natur des Lichtes selbst eine Grenze gesetzt, die mit dem Rüstzeug unserer dermaligen Naturkenntnis nicht zu überschreiten ist. Es bleibt natürlich der Trost, daß zwischen Himmel und Erde noch so manches ist, von dem sich unser Unverstand nichts träumen läßt. Vielleicht, daß es in der Zukunft dem menschlichen Geist gelingt, sich noch Prozesse und Kräfte dienstbar zu machen, welche auf ganz anderen Wegen die Schranken überschreiten lassen, welche uns jetzt als unübersteiglich erscheinen müssen. Das ist auch mein Gedanke. Nur glaube ich, daß diejenigen Werkzeuge, welche dereinst vielleicht unsere Sinne in der Erforschung der letzten Elemente der Körperwelt wirksamer als die heutigen Mikroskope unterstützen, mit diesen kaum etwas anderes als den Namen gemeinsam haben werden“.*

1927 beschreibt Stintzing[2]), nachdem man schon die Anwendung der kurzwelligen Röntgenstrahlung zur Überschreitung der Auflösungsgrenze diskutiert hat, eine mikroskopische Einrichtung mit Korpuskularstrahlen, die wir heute „Rastermikroskop" nennen. Der Erfinder, der dabei die Eigenschaft rotationssymmetrischer Felder, wie Linsen zu wirken, nicht ausnutzt, faßt die Elektronen als Korpuskularstrahlung auf. Er behandelt die von Abbe gestellte Aufgabe auf korpuskularer Basis und löst sie ohne Verwendung elektronenoptischer Abbildung durch Abrasterung des Objekts mit einem submikroskopisch feinen Korpuskelstrahl.

Inzwischen sind durch Busch die Elektronenlinsen gefunden und ist durch de Broglie die Wellennatur des Elektrons postuliert worden. Es entsteht in analogem Aufbau zum Lichtmikroskop das eigentliche Elektronenmikroskop, dessen Möglichkeiten man nun natürlich auch vom Standpunkte der Wellenvorstellung des Elektrons diskutiert.

1933 erhalten die neuen Mikroskope, die über die Auflösungsgrenze des Lichtmikroskops hinausgeben, ihren Namen. Brüche [13] schlägt für sie die Bezeichnung „Übermikroskop" vor (s. folgende Seite).

So ist aus Abbes Glauben an „diejenigen Werkzeuge, welche dereinst vielleicht unsere Sinne in der Erforschung der letzten Elemente der Körperwelt wirksamer als die heutigen Mikroskope unterstützen" werden, eine Aufgabestellung der Elektronenoptik geworden. An die Stelle der Glaslinse tritt die Elektronenlinse. Aus dem Mikroskop wird das Übermikroskop.

---

[1]) E. Abbe, Gesammelte Abhandlungen I. Band, Fischer 1904, S. 152.
[2]) Stintzing in seinem DRP 485 155, angemeldet am 13. 5. 27, ausgegeben 28. 12. 1929.

Schatten-Übermikroskop.

Das Schattenmikroskop nach Boersch [100] ist das einfachste Durchstrahlungs-Übermikroskop.

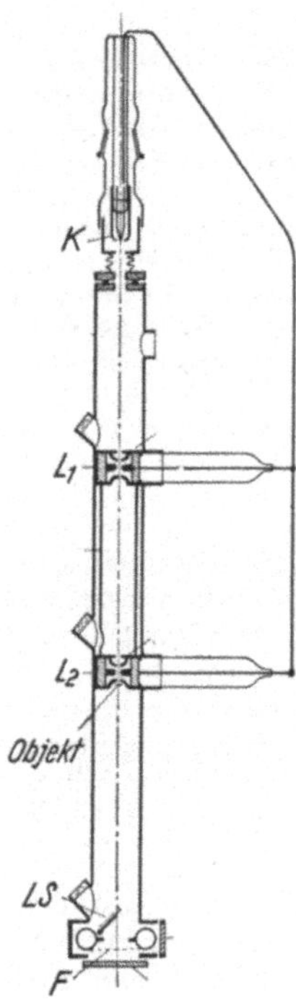

Von der Kathode K (oder von einer engen mit Elektronen bestrahlten Blende) wird durch die Linsen L_1 und L_2 (s. das Bild links) in zwei Stufen ein sehr kleiner Elektronenfleck dicht vor dem Objekt erzeugt. Von diesem „Überkreuzungspunkt" der Elektronenstrahlen aus wird nun das Objekt durchstrahlt und als vergrößertes Schattenbild auf den Leuchtschirm LS oder die Fotoplatte F projiziert.

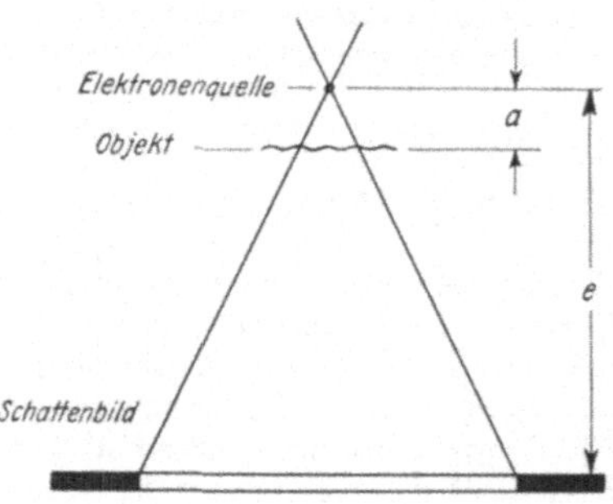

Schattenmikroskop nach Boersch [100].

Die Vergrößerung des Schattenmikroskops ergibt sich, wenn man die Überschneidungsstelle der Strahlen als punktförmige Elektronenquelle ansieht, zu

$$V = \frac{e}{a} \, .$$

Das Schattenmikroskop von Boersch ist wie das elektrostatische Abbildungsmikroskop Seite 77 ein Übermikroskop, das statisch als Zweipolsystem arbeitet.

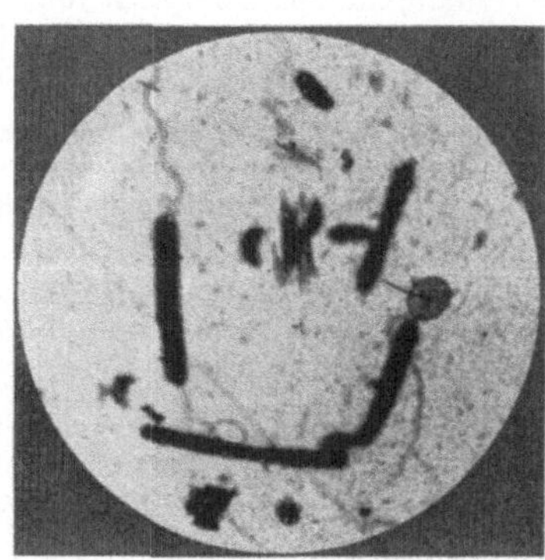

Schema der Bilderzeugung beim Schattenmikroskop und Schattenbild von Bakterien verschiedener Art.

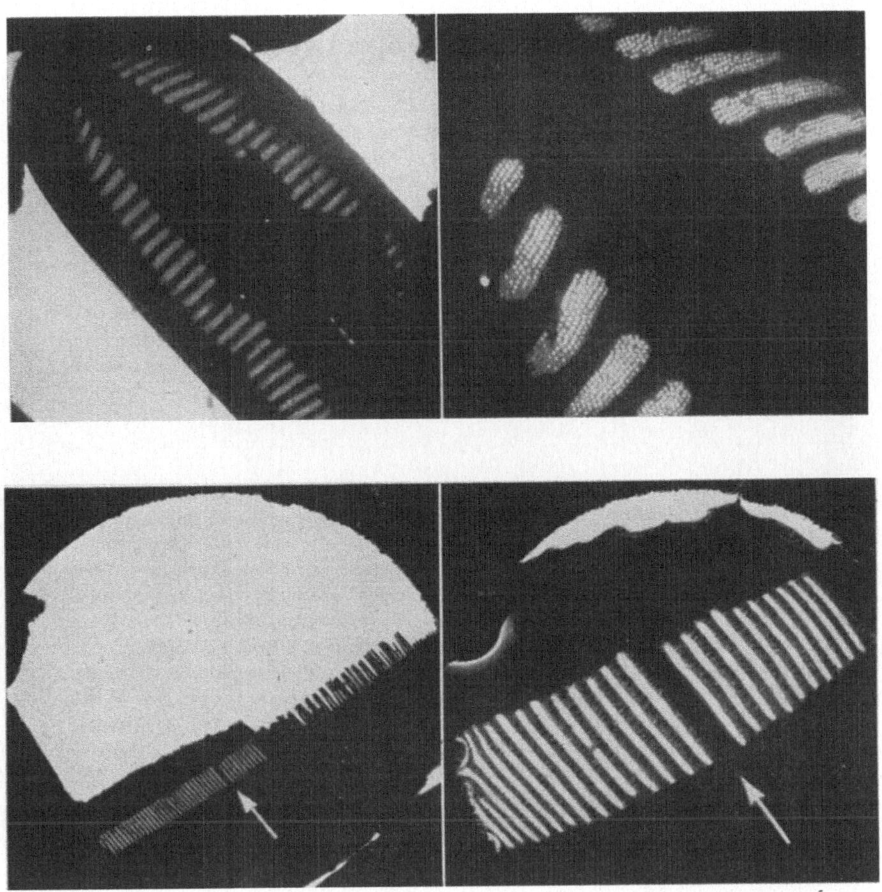

Diatomeenschatten.

Nach der Wahl des Abstandes a (s. Gegenseite) bestimmt sich die Vergrößerung. Es ist ein besonderer Vorteil der Übermikroskopie mit dem Schattenmikroskop, daß sich die Vergrößerung durch eine einfache mechanische Abstandsverstellung in weiten Grenzen ändern läßt. So kann man sich, wie es obige Bildreihen für zwei Diatomeen von verschieden grobem Gitter zeigen, zunächst ein Übersichtsbild verschaffen und dann zu einer interessierenden Einzelheit übergehen.

1939 Boersch [115].

Oben Vergr.: 1100- bzw. 4200 fach,
Unten Vergr.: 1380- bzw. 5700 fach.

Zur Entwicklung des Übermikroskops.

1933

„Bei der Weiterentwicklung der Abbildungssysteme geht die Arbeit dem fernen Ziel des „Übermikroskops" entgegen, d. h. eines Mikroskops, das infolge der Kleinheit der Elektronenwellenlänge auch dann noch aufzulösen vermag, wenn das Lichtmikroskop längst seine prinzipielle Grenze erreicht hat." [13]

1934

„Die Hoffnung der Elektronenmikroskopie ist es, die prinzipiellen Möglichkeiten auszunutzen, die sich bei der Verwendung der kurzwelligen Elektronenstrahlung zur Abbildung bieten.... Heute stehen wir am Anfang der Entwicklung des Übermikroskops." [26]

1935

„Es scheint zunächst, als ob die weitere Verfolgung dieses Weges wenig Aussichten verspräche, denn die hohen Elektronenenergien und die Einbringung des Objektes ins Vakuum bedeuten für die Untersuchung empfindlicher organischer Substanzen große Schwierigkeiten. Daß man die Hoffnung jedoch nicht aufzugeben braucht, zeigen die kürzlich durch Marton erzielten Ergebnisse.... Wenn auch sehr hohe Vergrößerungen bei diesen Objekten bisher nicht durchgeführt sind und die Bilder noch an Schärfe zu wünschen übrig lassen, so ist doch durch das Experiment ein gangbarer Weg gezeigt, mag es auch noch lange währen, bis sich das Elektronenmikroskop auch hier seinen Platz neben dem Lichtmikroskop erobert hat." [38]

1937

„Die bisherigen Ergebnisse sind vielversprechend. Man hat Hell- und Dunkelfeldaufnahmen durchgeführt. Von biologischen Objekten sind, teils nach Präparierung mit Wismutsalzen, teils ohne Präparierung, beachtliche Vergrößerungen erzielt worden. Heute wird daran gearbeitet, den exakten Beweis für die Überschreitbarkeit der Auflösungsgrenze des Lichtmikroskops zu erbringen." [80]

(Weitere Zitate aus unseren Arbeiten s. S. 76.)

V. Die beiden Abbildungs-Übermikroskope des Forschungs-Instituts der AEG.

Die heutigen Abbildungs-Übermikroskope sind unter dem Vorbild zweier bekannter technischer Geräte entwickelt worden, und zwar des Projektions-Lichtmikroskops und des Kathoden - Oszillographen. Vom Lichtmikroskop übernahm das Übermikroskop — abgesehen von der Aufgabe — das Durchstrahlungsprinzip, die Abbildung mit zwei Linsen in zwei Stufen, den Kondensor und manche Einzelheit, wie z. B. den senkrechten Aufbau. Vom Kathoden-Oszillographen, der ebenfalls eine zweistufige Abbildung benutzt, stammt die Verwendung des Strahls schneller Elektronen und damit Glühkathode, Beschleunigungseinrichtung, Vorkonzentration, Plattenschleuse sowie die sonstige Technik des Vakuumaufbaus.

Gegenüber dem Oszillographen ist in konstruktiver Beziehung am Übermikroskop bemerkenswert, daß noch eine zweite Schleuse, die Objektschleuse mit der Objektverschiebungs-Einrichtung hinzugetreten ist und daß sich die Rolle der Linsen insofern verschoben hat, als beim Übermikroskop wegen der erforderlichen hohen Vergrößerung Linsen kleiner Brennweite angewendet werden. Neuartig ist beim elektrostatischen Übermikroskop auch die Verwendung elektrischer Linsen, die beim Oszillographen in dieser Form nicht gebräuchlich sind.

Nebenstehende Abbildung zeigt den grundsätzlichen Aufbau des Elektronen-Übermikroskops im Vergleich zum lichtoptischen Strahlengang. Von der Quelle Q, einer Glühkathode, werden die Elektronen zur Anodenblende A durch einige zehntausend Volt beschleunigt. Sie durchdringen nun die Objektschleuse OS und das Objekt O. Die erste Linse L_1 entwirft das Zwischenbild Z des Objektes dicht vor der zweiten Linse L_2. Diese Projektionslinse, die in der Abbildung als Doppellinse ausgebildet ist, zeichnet das endgültige Bild auf dem Leuchtschirm S der Plattenschleuse PS. Rechnet man beispielsweise für jede Linse 100fache Vergrößerung, so erhält man also ein 10000fach vergrößertes Bild auf dem Leuchtschirm oder der photographischen Platte.

Je nachdem, ob man für die Linsen magnetische oder elektrische Felder verwendet, spricht man vom magnetischen oder elektrischen Elektronenmikroskop. Im AEG Forschungs-Institut werden beide Typen entwickelt; die erstere als Laboratoriumsgerät zur Erzielung von Aufnahmen mit sehr hohen Elektronenenergien, die letztere, deren Entwicklung infolge des Fehlens jeglicher Erfahrung vom Kathoden-Oszillographen her schwieriger war, um ein einfaches Gebrauchsgerät — eine „rationelle Konstruktion" im Sinne von Abbe — zu erhalten. So entstanden das

Jochlinsen-Übermikroskop und das
Elektrostatische Übermikroskop.

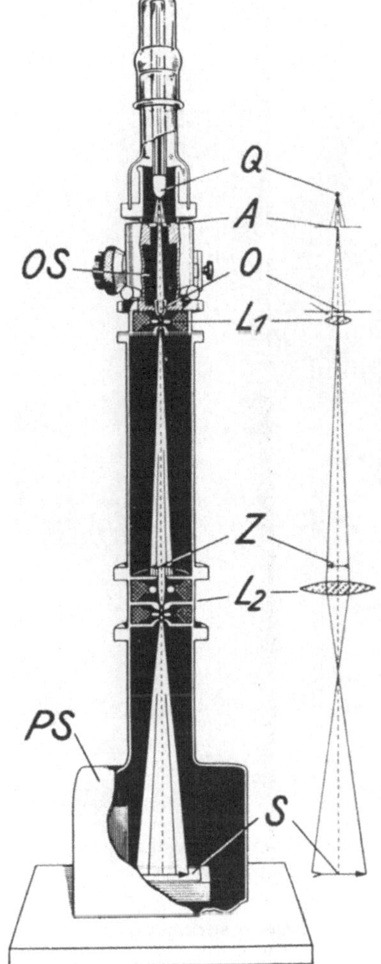

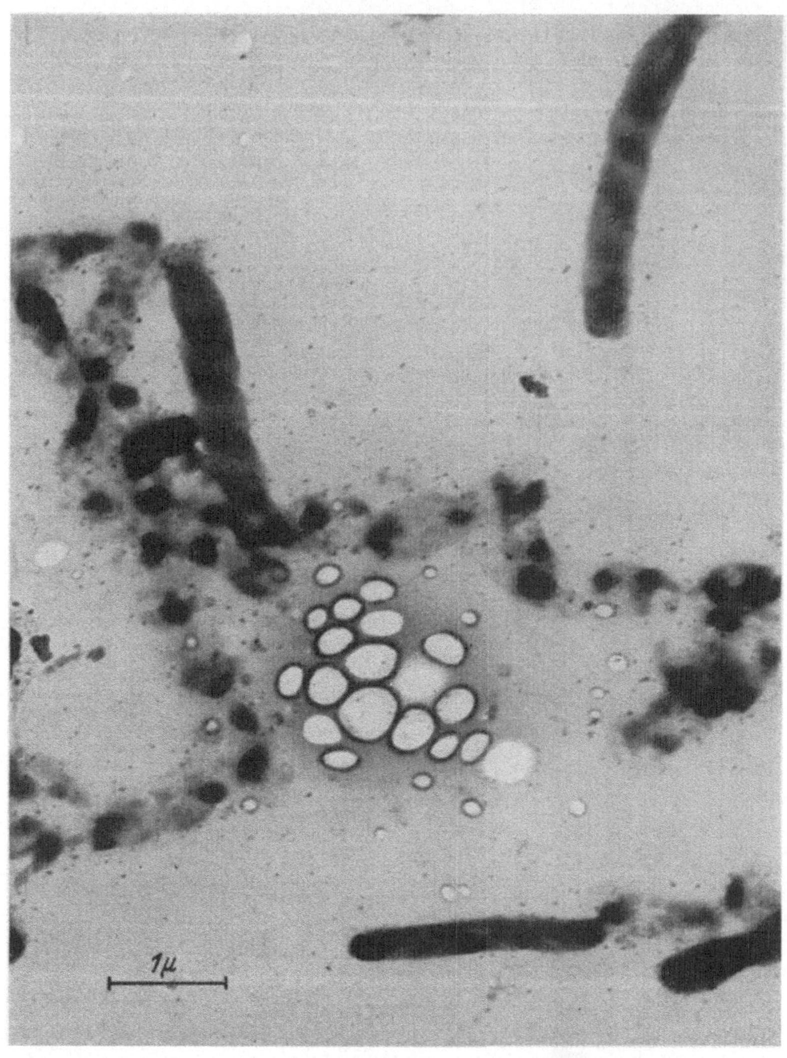

Aufnahme mit sehr hoher Durchstrahlungsspannung.

Diese Aufnahme mit unserem magnetischen Jochlinsen-Übermikroskop (vgl. auch S. 73) zeigt ein Elektronenbild bei Anwendung von 135 kV zur Elektronenbeschleunigung. Diese Aufnahme von Bact. Pyocyaneus stellt die Spitzenleistung in dieser Beziehung dar. Infolge der hohen Durchdringungsfähigkeit der sehr schnellen Elektronen zeigt die Aufnahme deutlich die Innenstrukturen der „dicken" Bakterien, während die „dünnen" Geißeln und andere sehr feine Objekte nun allerdings kaum mehr sichtbar sind.

Kinder.   Vergr.: 16 000 fach.

Magnetisches
Jochlinsen-Übermikroskop.

Während die von anderen Stellen gebauten elektromagnetischen Übermikroskope stets gekapselte Spulen rotationssymmetrischer Form als Linsen verwenden, fanden hier erstmalig die unten abgebildeten Jochlinsen Anwendung. Sie lassen den Objektraum leicht zugänglich und können leicht gekühlt werden. Ihre Auswechslung gegen Permanentmagnete ist einfach durchführbar. Das Jochlinsen-Mikroskop wurde für Betriebsspannungen bis etwa 150 kV dimensioniert und ist bisher bis 135 kV benutzt worden.

Die Auflösung des Lichtmikroskops liegt bei 200 mµ, die der Übermikroskope heute bereits merklich unter 10 mµ.

$$1\ \mu\ = {}^1\!/_{1000}\ \text{mm},$$
$$1\ \text{m}\mu = {}^1\!/_{1\,000\,000}\ \text{mm}.$$

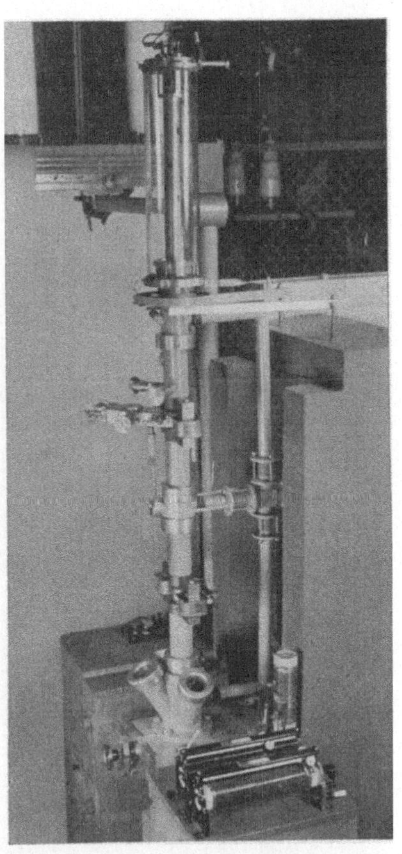

Magnetisches Jochlinsen-Übermikroskop

nach Steudel,
Kinder und Pendzich [113].

Doppeljochlinse,

die Linse
des Jochlinsen-Mikroskops [113].

Zerrissene und überschlagene Zaponfolie.

Solche Folien von etwa 10 mµ Dicke dienen als Objektträger für die submikroskopischen Objekte, die untersucht werden sollen. Hier ist der bandförmige Fetzen einer derartigen Folie nach unten umgeschlagen und verdreht, so daß die Folie teilweise dreifach liegt. Kinder.   Vergr.: 50 000 fach.

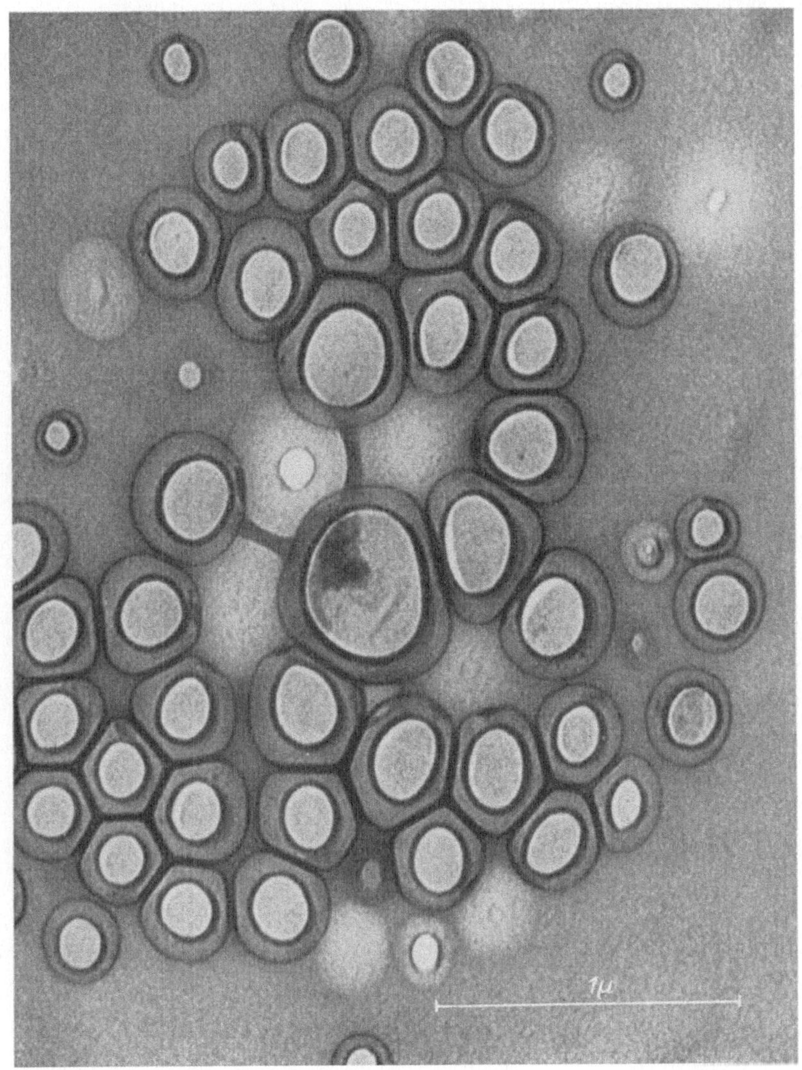

Blasen in einer Zaponfolie.

Die Objektträgerfolien sind gelegentlich fehlerhaft. So bilden sich häufig Löcher und Risse aus. Seltener sind Blasen zu beobachten, wie sie das Bild zeigt.

Kinder.   Vergr.: 40 000 fach.

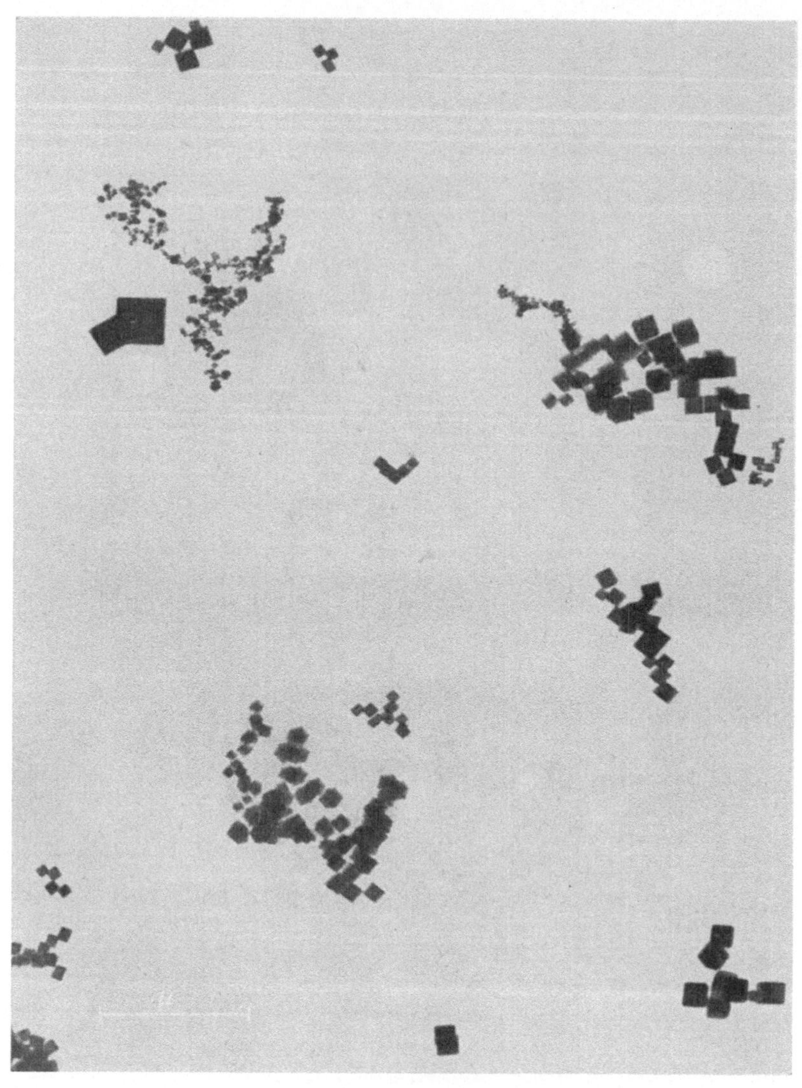

Kristalle von Magnesiumoxyd.

Ein Magnesiumband, wie es auch als Blitzlicht dient, wurde verbrannt. Rauchteilchen schlugen sich auf der über die Flamme gehaltenen Zaponfolie als würfelförmige Kristalle nieder.

Kinder.   Vergr. : 20 000 fach.

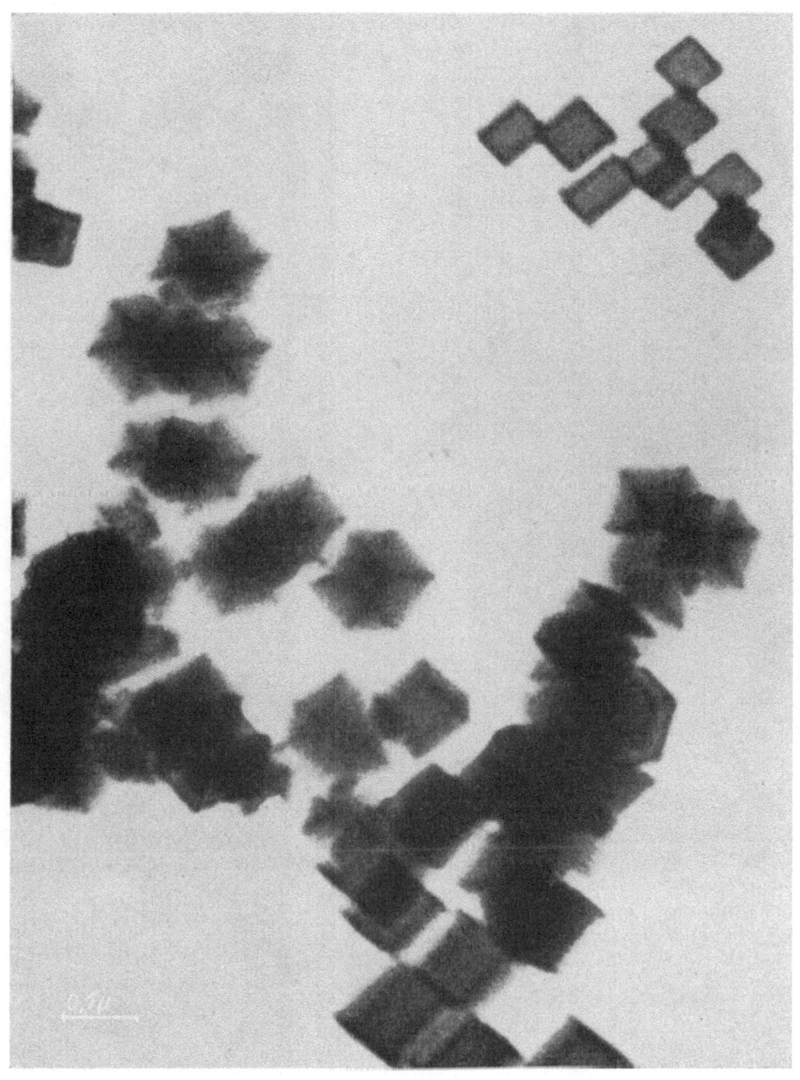

Durchscheinende Kristalle aus Magnesiumoxyd.

Ausschnitt aus dem Bild der Gegenseite (Kristallgruppe Mitte unten). Die Aufnahme wurde mit Elektronen hoher Energie gemacht (84 kV), so daß die kleinen, verschieden gelagerten Würfel von $^1/_{10\,000}$ mm Kantenlänge zum Teil durchstrahlt werden.

Kinder.   Vergr.: 100 000 fach.

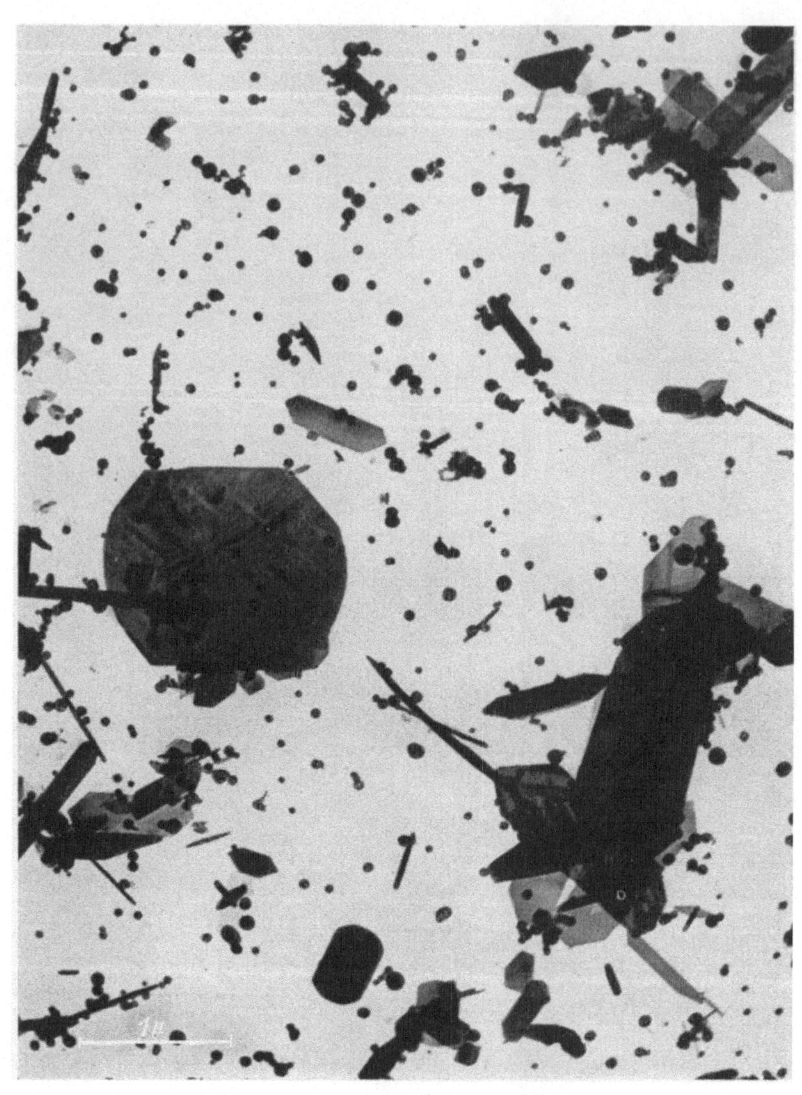

Niedergeschlagener Molybdänrauch.

Molybdän wurde im Lichtbogen verdampft. Auf der Zaponfolie (vgl. S. 66) schlagen sich Metallkügelchen und Kristallplättchen aus Molybdänoxyd nieder.

Kinder.   Vergr.: 20 000 fach.

70

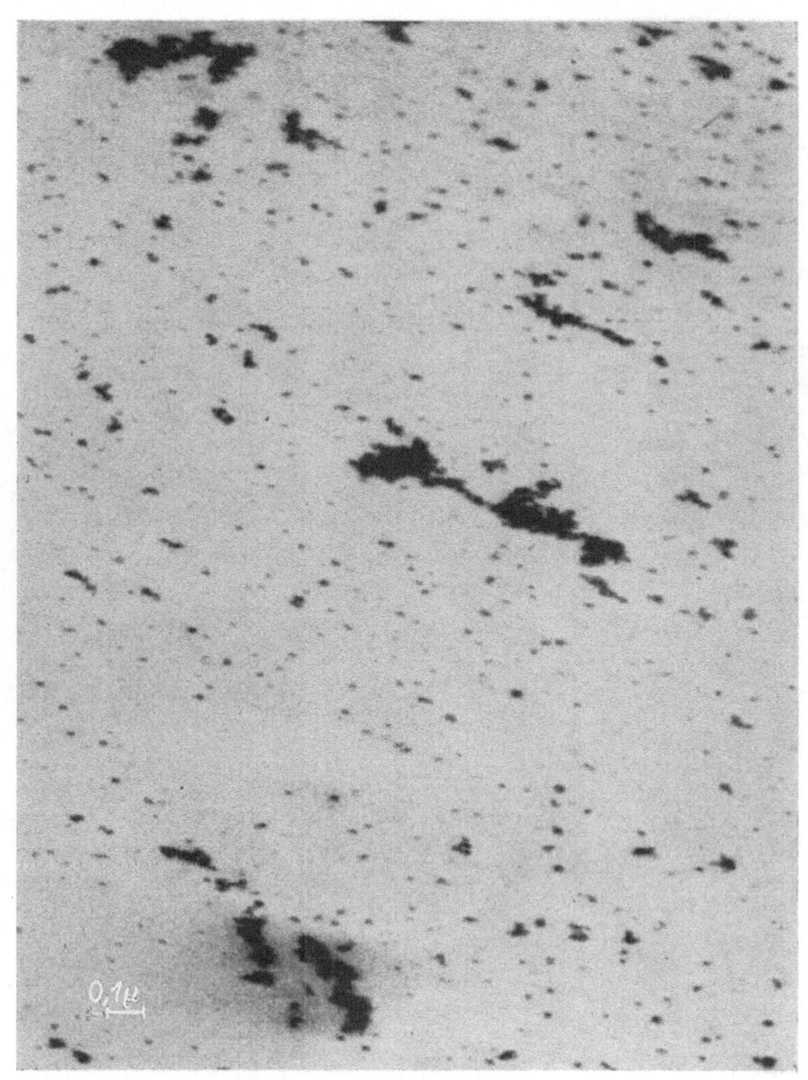

Kolloidales Silber.

Kolloide sind Stoffe in sehr feiner Verteilung. Bekannt ist kolloidaler Graphit, den der Autofahrer als Zusatz zum Schmieröl benutzt.

Kinder. Vergr.: 50000 fach.

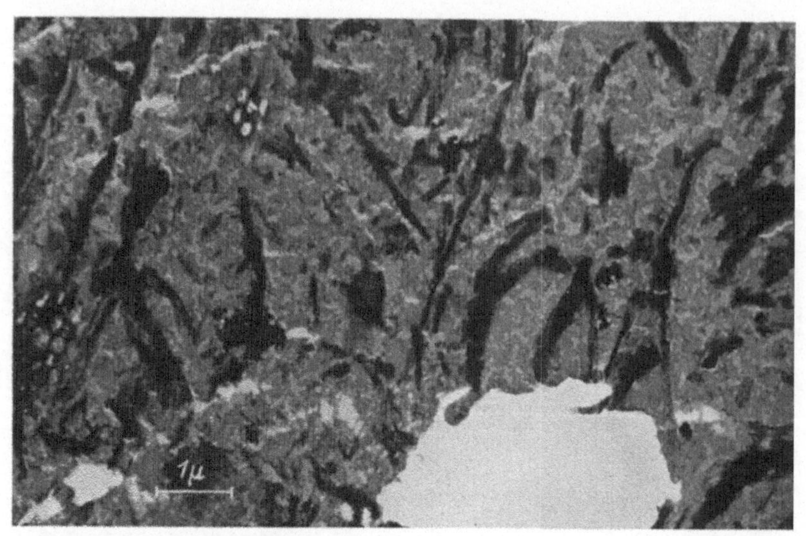

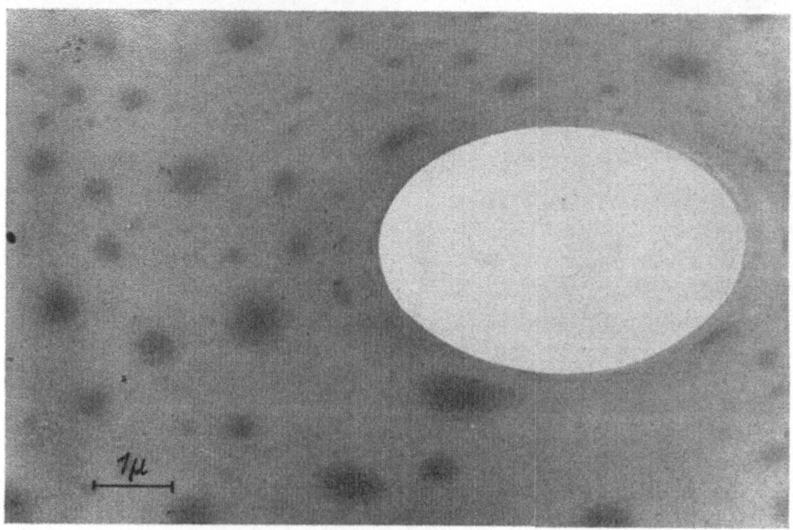

Zwei Objekte aus dem täglichen Leben.

Oben: Füllfederhaltertinte in starker Verdünnung auf einer Zaponfolie.
Unten: Zigarettenrauch gegen eine Zaponfolie (mit Loch) geblasen.

Kinder.   Vergr.: 10 000 fach.

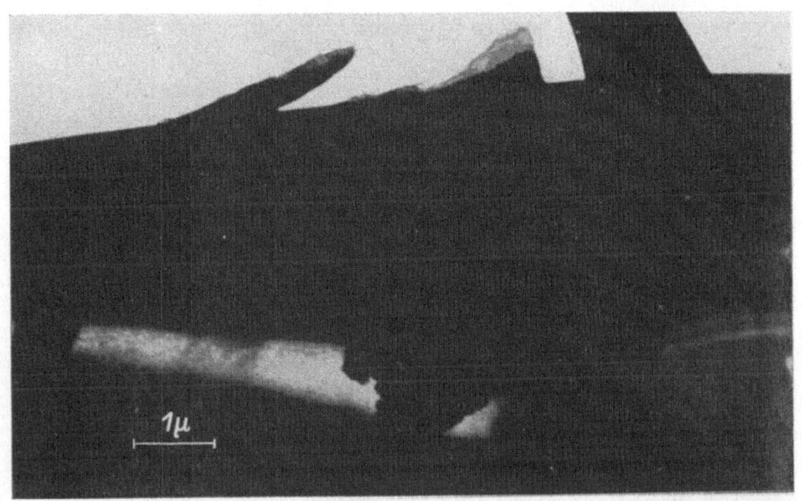

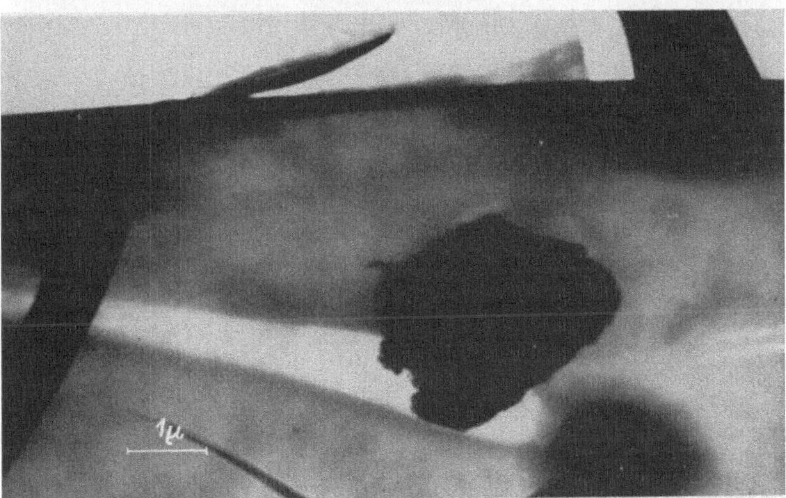

Fliegenflügel mit „langsamen" und „schnellen" Elektronen abgebildet.

Der Flügel ist auf dem oberen Bild mit Elektronen abgebildet, die durch 50 kV beschleunigt wurden. Bei dem unteren Bild wurden 110 kV benutzt. Während bei Bakterien mit feinen Geißeln im allgemeinen die weniger durchdringungsfähigen, langsameren Elektronen zur Abbildung der Einzelheiten geeigneter sind, sind bei dem dicken Fliegenflügel die schnelleren Elektronen günstiger. Vgl. auch das Bild S. 64, das mit der höchsten bisher in einem Elektronenmikroskop erreichten Spannung von 135 kV erzielt wurde. Kinder.   Vergr.: 10 000 fach.

Hell- und Dunkelfeldbild einer Diatomee.

Die Diatomee mit ihrer regelmäßig wiederkehrenden Struktur ist das Testobjekt des Lichtmikroskopikers zur Bestimmung des Auflösungsvermögens. Im Lichtmikroskop werden Gitterpunkte von 0,2 µ Abstand gerade noch getrennt. Im oben wiedergegebenen Elektronen-Hellfeldbild erkennt man wesentlich feinere Einzelheiten. Aus der Struktur des Hellfeldbildes ahnt man den Aufbau der Diatomee aus zwei gewölbten Schalen, die im Rande rechts zusammenlaufen.

Kinder.   Vergr.: 12 000- bzw. 6000 fach.

74

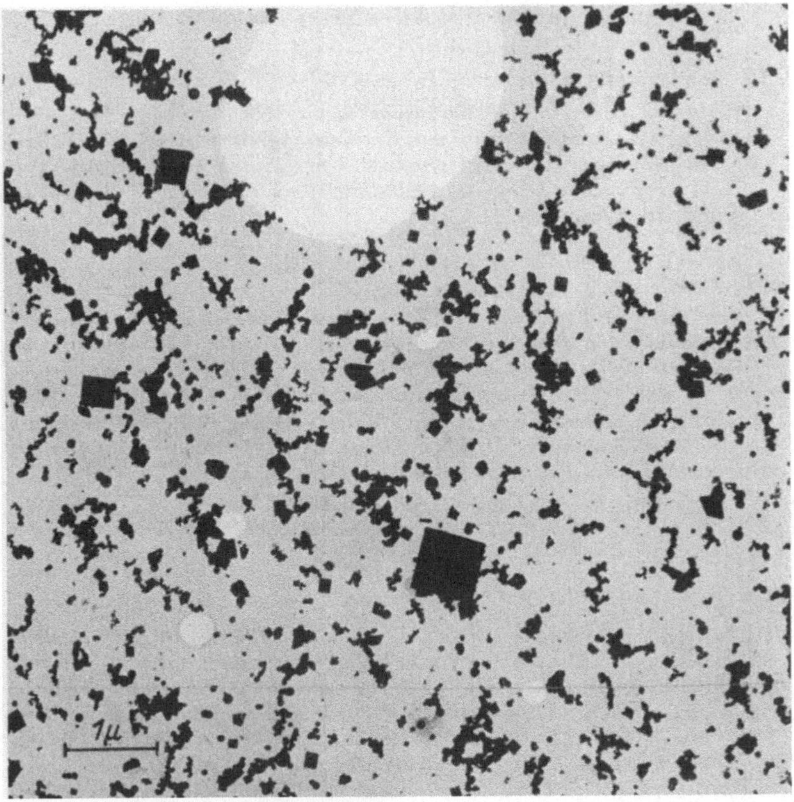

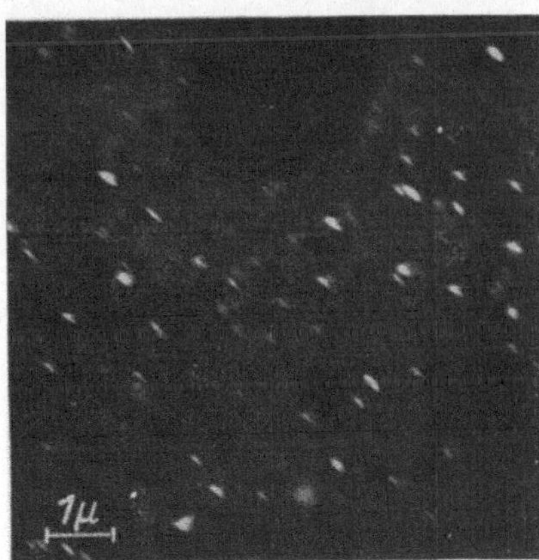

Hell- und Dunkelfeldbild von Wolfram-Rauch.

Wie bei dem Bild S. 70 wurde das Metall im Lichtbogen verdampft und auf eine Zaponfolie niedergeschlagen. Man erkennt auf dem Hell- und Dunkelfeldbild sich entsprechende Einzelheiten, so die größeren Würfel und das große Loch oben in der Zaponfolie. Besonders bemerkenswert sind im Dunkelfeldbild die vereinzelten kräftigen Reflexe, die von einzelnen Kriställchen in günstiger Lage zum Strahl herrühren. Die Auflösung des Dunkelfeldbildes liegt unter 50 mµ.

Kinder.   Vergr.: 12 000- bzw. 6000fach.

Magnetisches und elektrisches Übermikroskop.

1932 Brüche und Johannson [3]:

„Während bei der geometrischen Lichtoptik nur ein Weg vorhanden ist, um eine gewünschte Erscheinung zu erzielen, bieten sich in der geometrischen Elektronenoptik prinzipiell zwei verschiedene Wege, entsprechend der magnetischen und elektrischen Beeinflußbarkeit des Elektrons.“

1937 Ruska:

„Das bisher und wahrscheinlich auch in Zukunft wichtigste Verfahren der eigentlichen Elektronenmikroskopie, d. h. für die Untersuchung beliebiger Gegenstände mittels Elektronenstrahlen, ist jedoch ebenso wie in der Lichtmikroskopie das Durchstrahlungsverfahren. Hier erhält man aus verschiedenen Gründen die besten Verhältnisse mit schnellen Elektronen. Als Linse kleiner Brennweite kommt für diese Elektronen nur das magnetische Objektiv in Frage.“

Dr. E. Ruska in seinem Hauptreferat über Elektronen- und Übermikroskop auf der Physikertagung 1936. (Vgl. Busch-Brüche, Beiträge zur Elektronenoptik, Barth, Leipzig 1937, S. 52.)

1939 Mahl [99]:

„Während mit magnetischen Linsen seit 1932 fortlaufend Untersuchungen zur Erzielung sehr hoher Auflösungen durchgeführt und veröffentlicht worden sind, ist bisher über entsprechende Versuche mit elektrischen Elektronenlinsen kaum etwas bekannt geworden. Daraus könnte der Eindruck entstehen, daß es nicht möglich sei, mit elektrischen Linsen ebenfalls die Auflösungsgrenze des Lichtmikroskops . . . . zu unterschreiten. In Wirklichkeit liegt natürlich kein Grund zu einer solchen Annahme vor . . . . Die Aufnahme zeigt also, daß auch mit dem elektrischen Elektronenmikroskop die Auflösungsgrenze des Lichtmikroskops wesentlich unterschritten werden kann.“

1940 Ramsauer:

„Unser Übermikroskop, das nach zehnjähriger Entwicklungsarbeit jetzt in seinem grundsätzlichen Aufbau vorliegt, benutzt nicht, wie das Übermikroskop nach Ruska, die magnetische Elektronenlinse, sondern unsere elektrostatische Abbildungsoptik. Für die Wahl des elektrostatischen Prinzips sprach die wesentlich größere Einfachheit von Konstruktion und Handhabung, gegen diese Wahl sprach die wesentlich größere Schwierigkeit der physikalischen und technischen Durchbildung.“

C. Ramsauer in der Einführung zu dem Übermikroskop-Sonderheft des Jahrbuches der AEG-Forschung 7, 1, 1940.

Elektrostatisches Übermikroskop.

Während alle von anderen Stellen gebauten und benutzten Übermikroskope elektromagnetische Linsen verwenden, ist das folgende Übermikroskop mit elektrischen Linsen ausgerüstet. Es kann in der heutigen Form bis 60 kV benutzt werden. Durch Wahl des Zweipolsystems wird die elektrotechnische Anlage sehr einfach. Das Gerät arbeitet mit vollem Netzanschluß.

1940 Thiessen:

„Parallel zu der Entwicklung des magnetischen Elektronenmikroskopes entstand, aufbauend auf den Arbeiten von Brüche und seiner Mitarbeiter, in den Laboratorien der AEG ein elektrostatisches Elektronenmikroskop, das durch Mahl eine außerordentlich leistungsfähige Gestalt gewann. Dieses Gerät zeichnet sich durch bestechende Einfachheit und Handlichkeit aus."

Prof. Thiessen im Vierjahresplan 4, 1940, S. 503.

$$1\,\mu = {}^{1}/_{1000}\ \text{mm},$$
$$1\,m\mu = {}^{1}/_{1\,000\,000}\ \text{mm}.$$

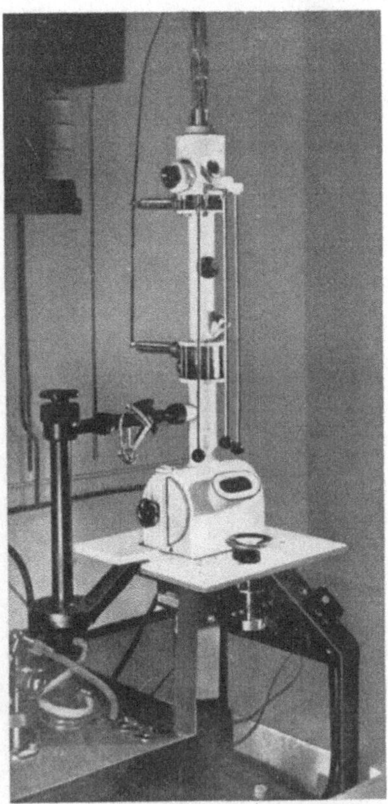

Elektrostatisches Übermikroskop
nach Mahl (Modell 1939/40).

Aufgestellt im Institut für Infektionskrankheiten Robert Koch. Die auf den Seiten 82 bis 91 wiedergegebenen Aufnahmen wurden in Zusammenarbeit mit dem Institut Robert Koch, Abt. für Zell- und Virusforschung (Prof. Haagen), durchgeführt.

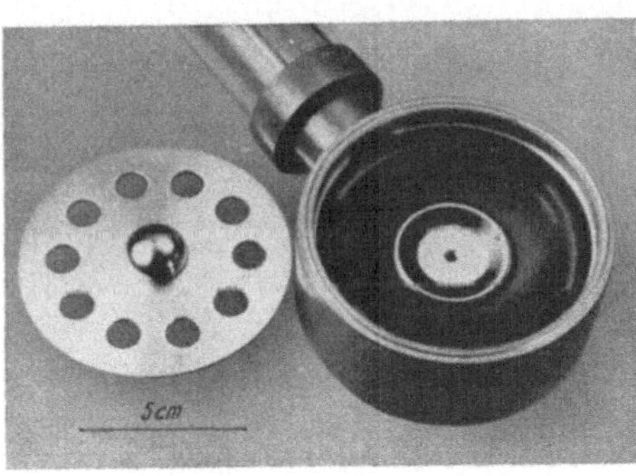

Elektrische Einzellinse.

Die Linse des elektrostatischen Mikroskops [116].

Elektrostatisches AEG-Übermikroskop (Modell Ende 1940).

Das Gerät, das sich durch grundsätzliche und praktische Einfachheit auszeichnet, mit allen erforderlichen Hilfseinrichtungen: Pumpen, Netzanschlußgerät und Schaltpulten.

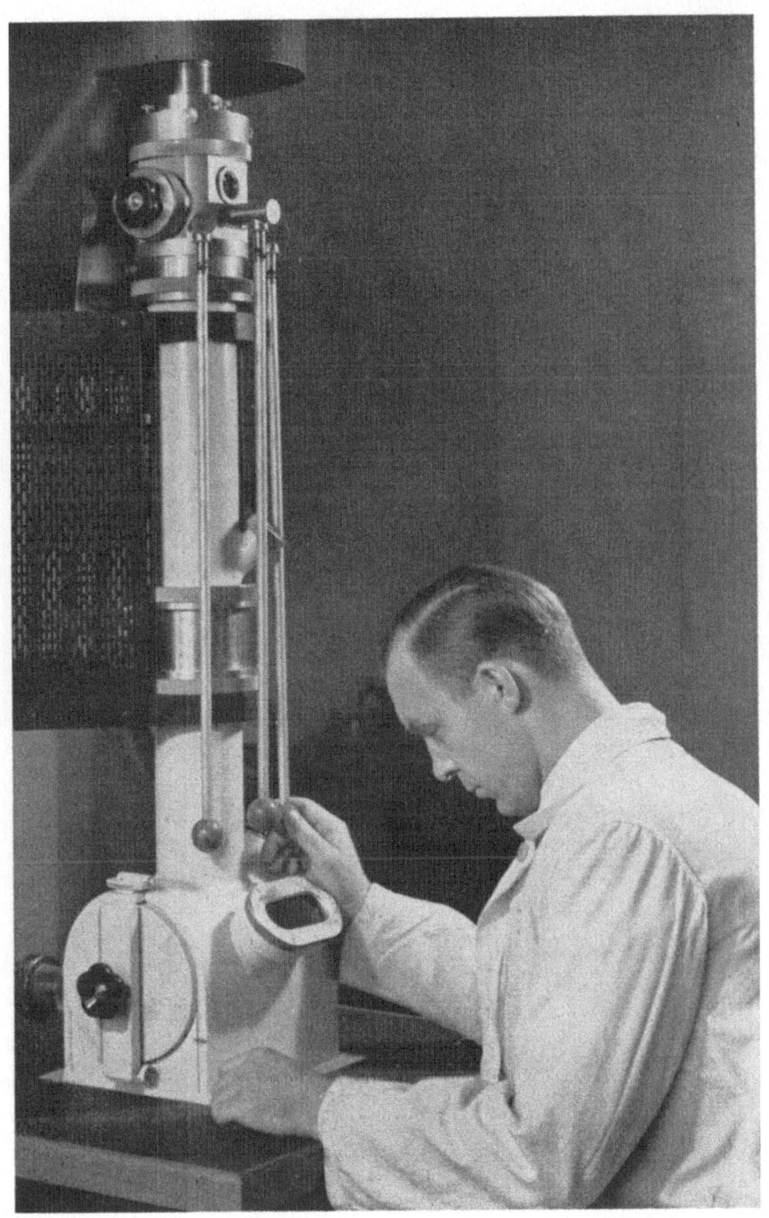

Vorbereitung eines Objektes.

Ein Tropfen von Zaponlack ist auf Wasser getropft worden und hat sich zu einer sehr feinen Haut verteilt. Gerade soll der Objektträger unter die Zaponhaut geschoben werden, so daß beim Herausheben der Trägerplatte alle 8 Plättchen, die in der Mitte eine feine Öffnung tragen, mit dem Häutchen überzogen sind.

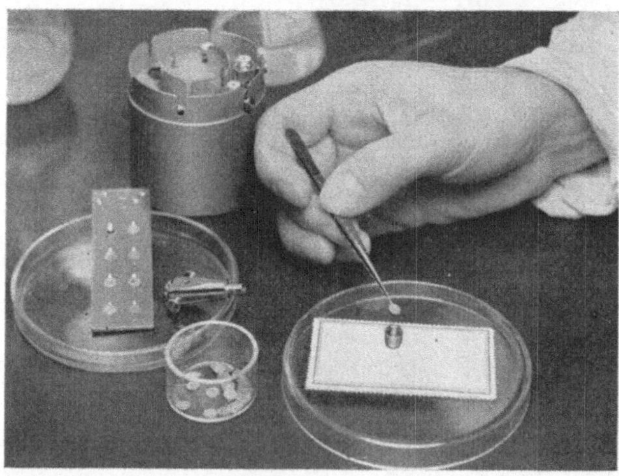

Auf ein Trägerplättchen mit dem über die zentrale Öffnung gespannten Häutchen ist das Objekt (z. B. Bakterien in Wasser) gebracht worden. Das Plättchen wird nun in die abgeschraubte Kappe des Objekthalters eingelegt.

Einschleusen des Objektes.

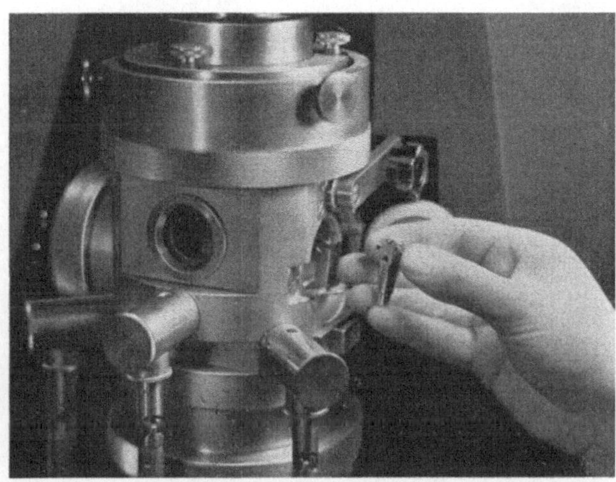

Die Objektschleuse ist geöffnet, so daß eine Gabel zum Vorschein kommt. In diese Gabel wird nun der Objekthalter mit dem am unteren Ende befindlichen Objekt eingehängt.

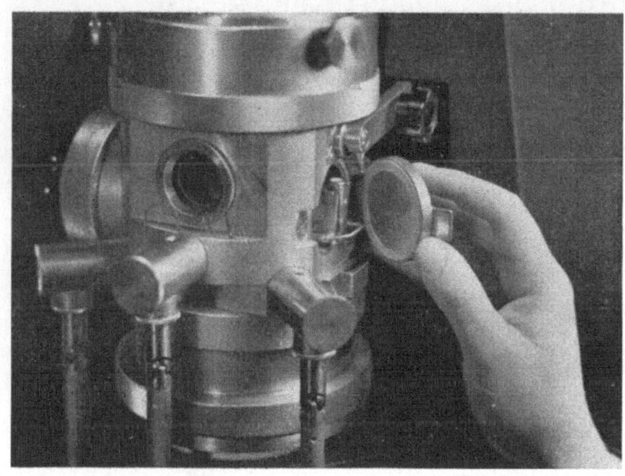

Nach Schließen der Schleusenklappe wird das Objekt durch einen Drehknopf an der linken Schleusenwand in den Kreuztisch gesenkt, so daß das Objekt nun dicht vor dem Elektronenobjektiv liegt.

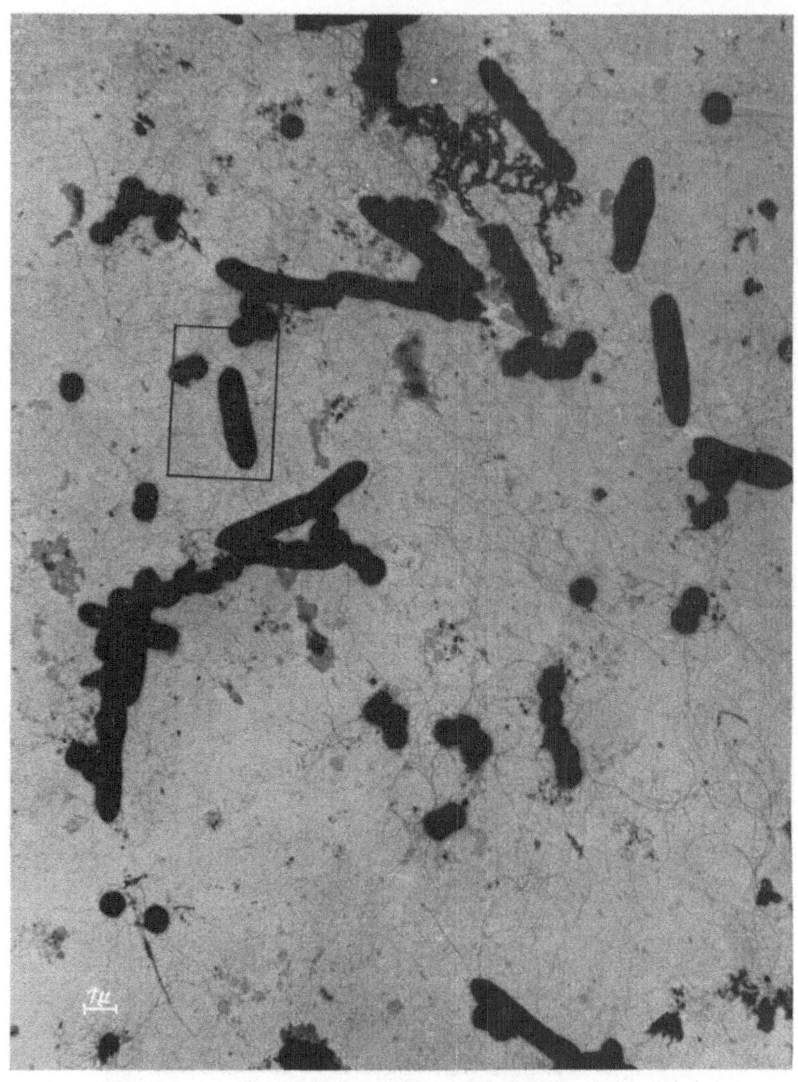

Übersichtsaufnahme von Bakterien.

Die stäbchenförmigen Gebilde, zu denen die Geißeln gehören, sind Tetanomorphus-Bakterien, die Kugeln Eiterkokken (Staphylokokken). Das Bild ist mit relativ schwacher Vergrößerung aufgenommen, so daß ein großer Teil des Mischpräparates übersehen
werden kann.

Jakob und Mahl [120].   Original: 1000 fach, Wiedergabe: 4500 fach.

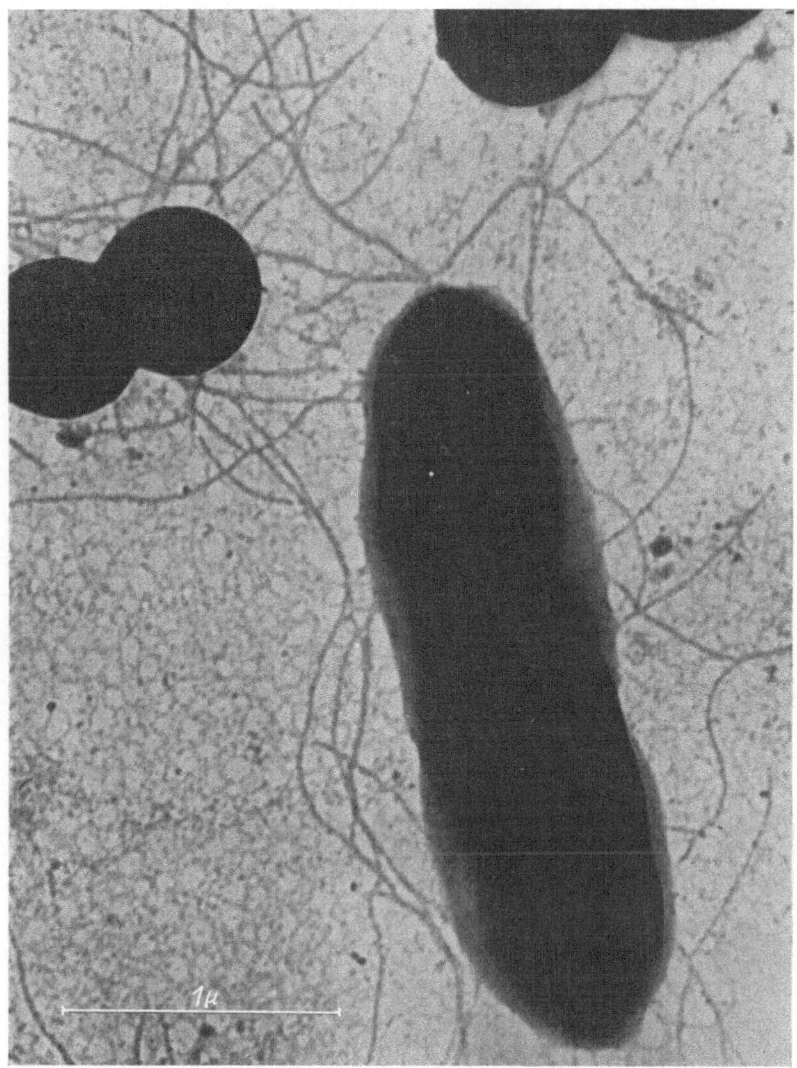

Einzelbakterien in hoher Vergrößerung.

Der umrandete Bezirk des Übersichtsbildes auf der Gegenseite ist hier durch Einschalten der hohen Vergrößerungsstufe des Übermikroskops rund 10fach weitervergrößert. Jetzt erkennt man z. B., daß die Eiterkokken von weniger als einen Tausendstel Millimeter Durchmesser eine sehr regelmäßige Kugelform mit sehr scharfer Umgrenzung haben.

Jakob und Mahl [120].   Original: 9000fach, Wiedergabe: 37000fach.

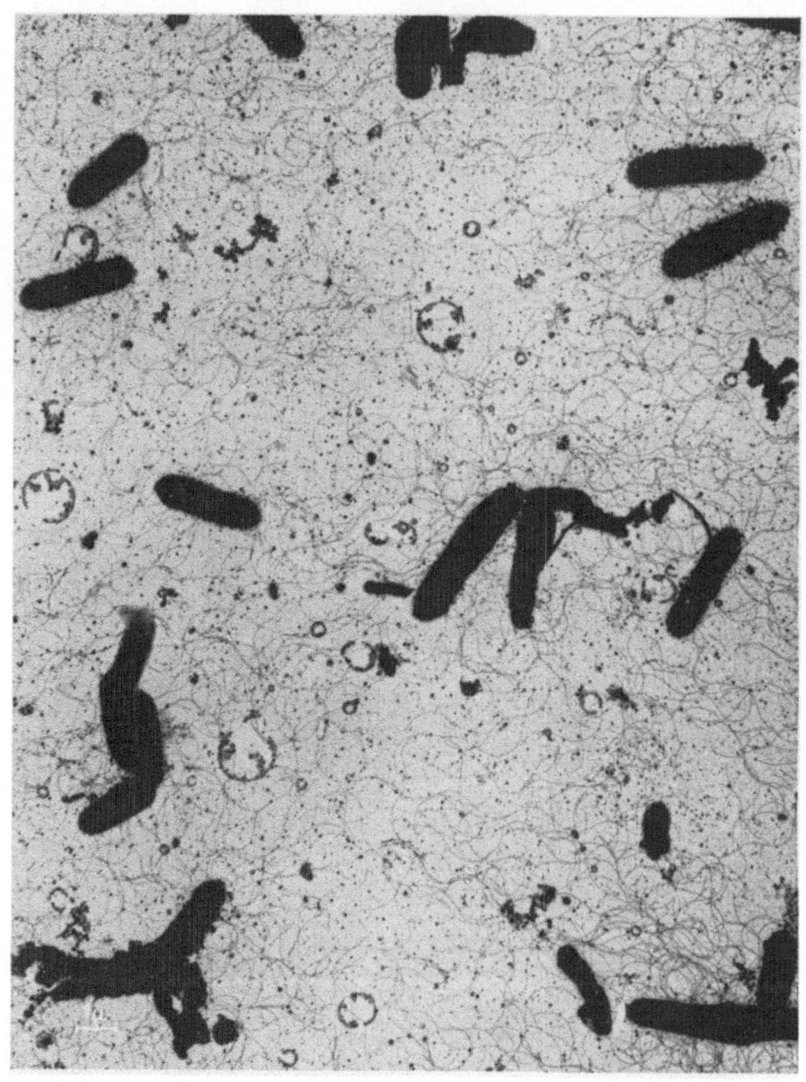

Bakterien mit Geißeln.

Bei dieser Übersichtsaufnahme von Tetanomorphus-Bakterien sind die Geißeln, deren Hellfeld-Abbildung ohne besondere Präparierung im Lichtmikroskop nicht mehr gelingt, besonders gut zu sehen.

Jakob und Mahl [120].   Vergr.: 4500 fach.

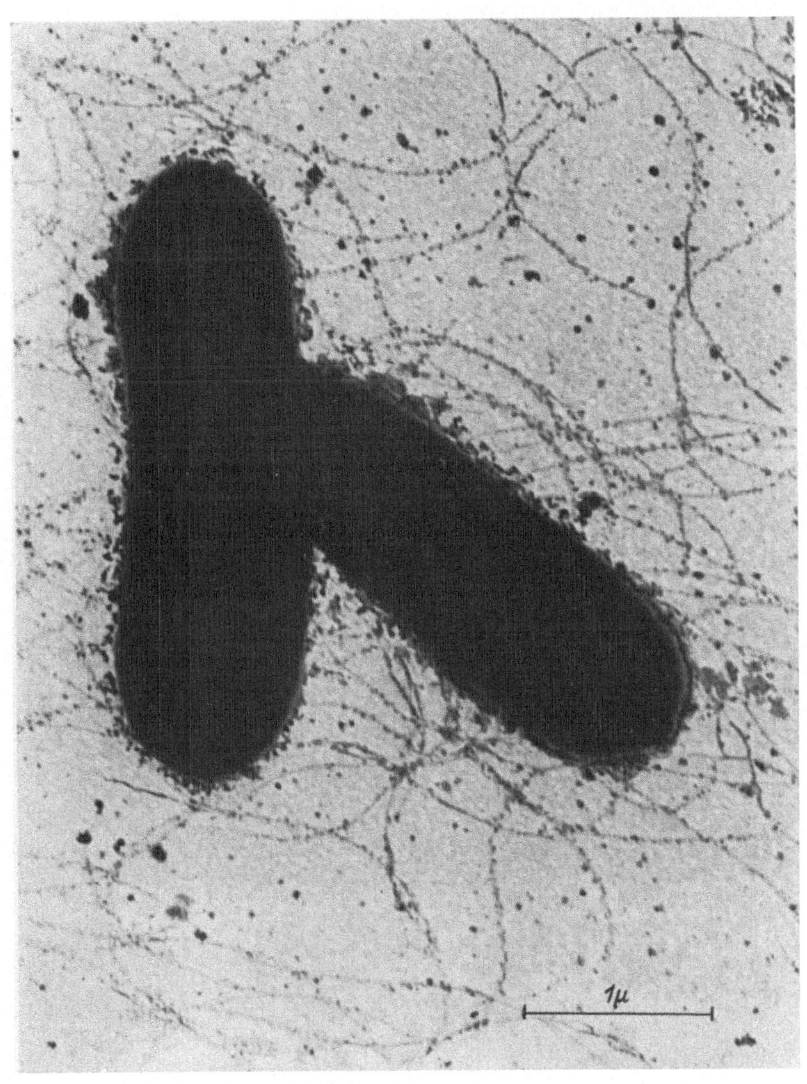

Einzelne Bakterien mit Geißeln.

Dieselben Bakterien wie bei dem Bild auf der Gegenseite. Bemerkenswert sind außer den Geißeln die kleinen Begleitkörper, die in der Nähe der Bakterien besonders dicht gelagert sind.

Jakob und Mahl.   Vergr.: 25 000 fach.

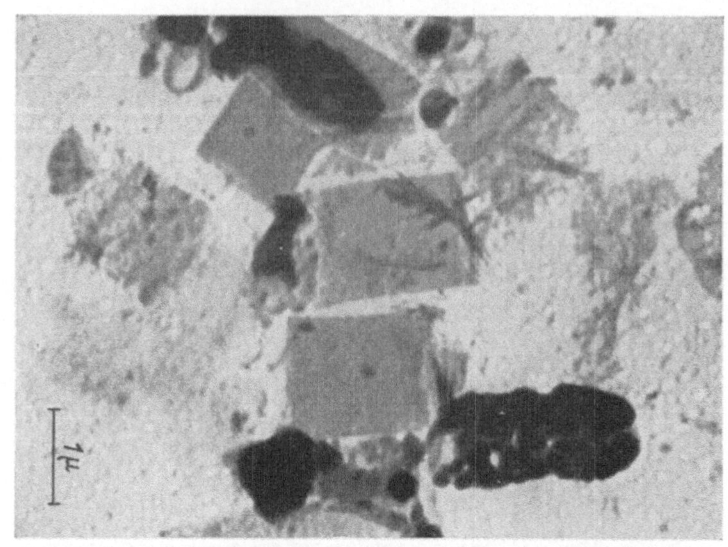

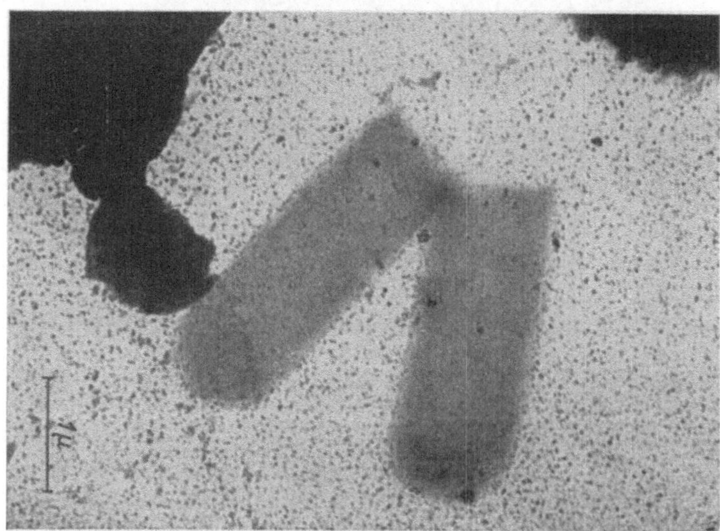

Bakterienhüllen (Bakterienschatten, Bakterienkapseln).

Das Bild oben zeigt Gasbrandbazillen, teils innerhalb, teils außerhalb der Hüllen. Diese Bazillen sind äußerst gefährliche Krankheitserreger.
Unten: Leere Hüllen von Bazillus Tetanomorphus.
Jakob und Mahl [120].   Vergr.: 12 500 bzw. 15 000 fach.

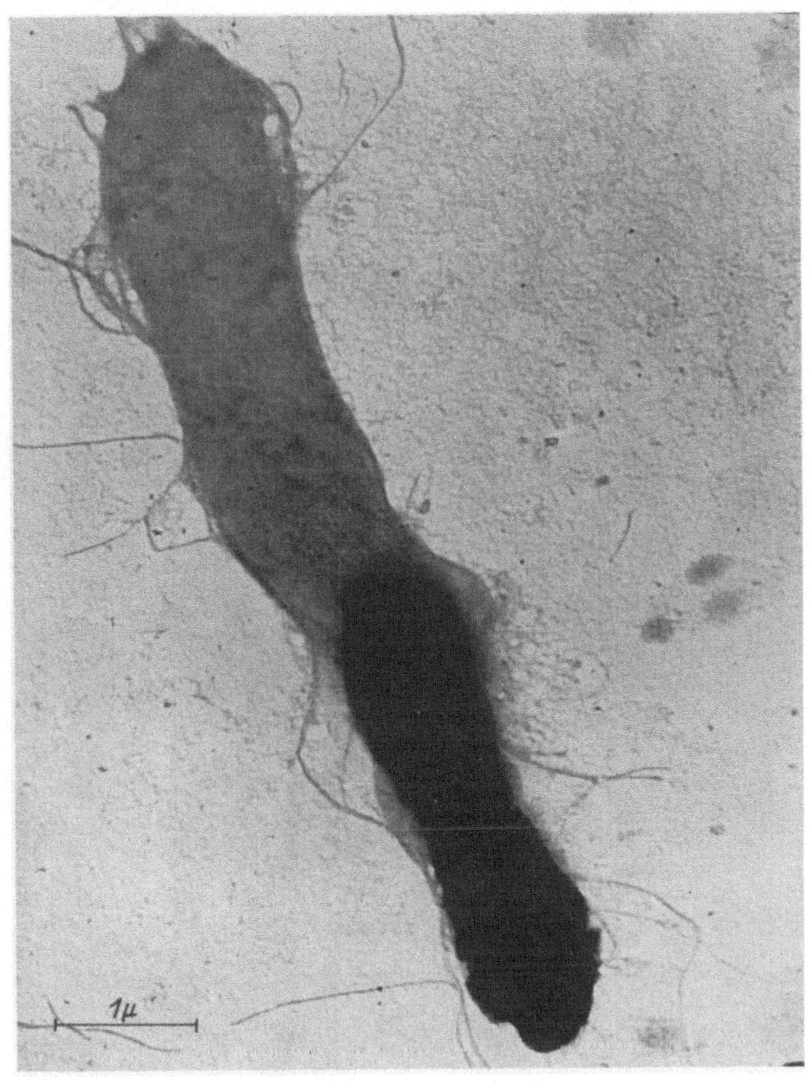

Ein Bakterium schlüpft aus der Hülle (Bact. Tertius).

Hier ist der Augenblick im Bilde festgehalten, in dem das Bakterium gerade seine Hülle zu verlassen scheint.

Jakob und Mahl [124].   Vergr.: 19 000 fach.

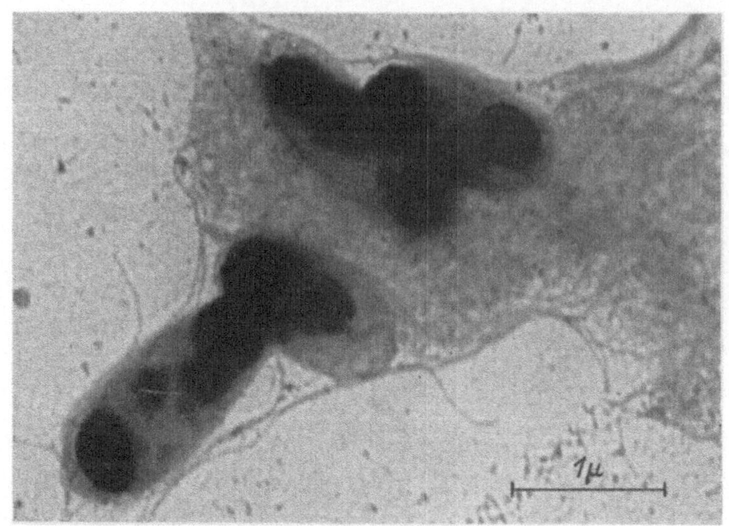

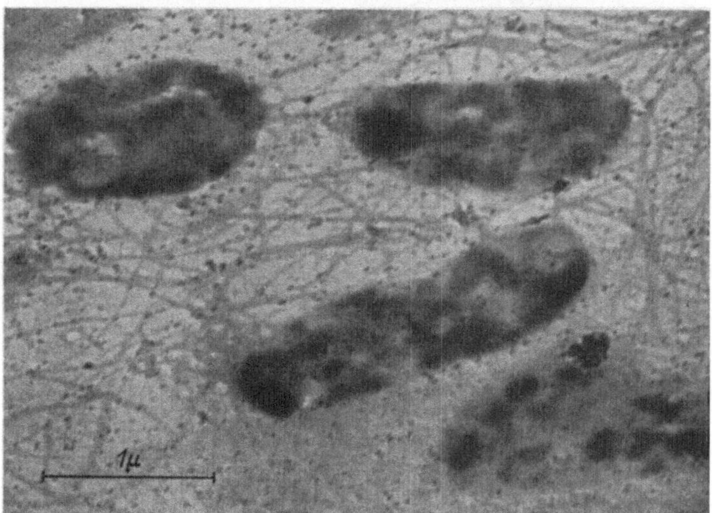

Bakterien mit Innenstruktur.

Häufig lassen Bakterien im Elektronenmikroskop eine innere Struktur erkennen, so z. B. bei
Bact. putrificus verrucosus (oben) und den Proteus-Bakterien (unten). Derartige Innenstrukturen werden besonders bei älteren Kulturen beobachtet.

Jakob und Mahl [120].

Vergr.: 20 000 fach.
23 000 fach.

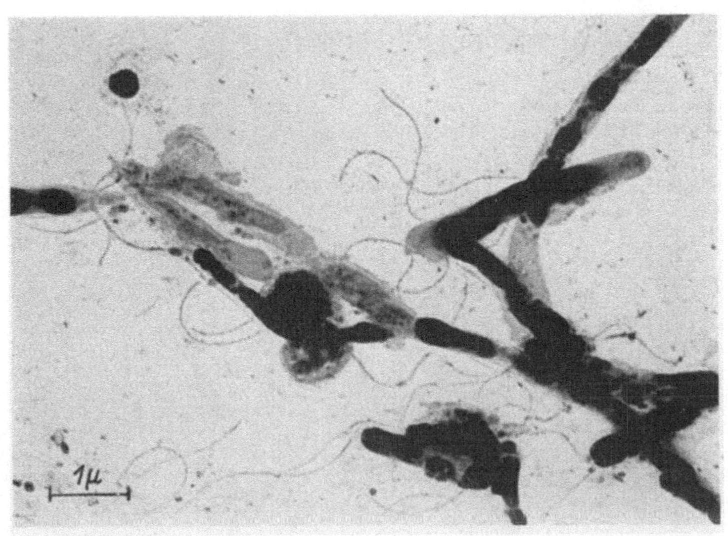

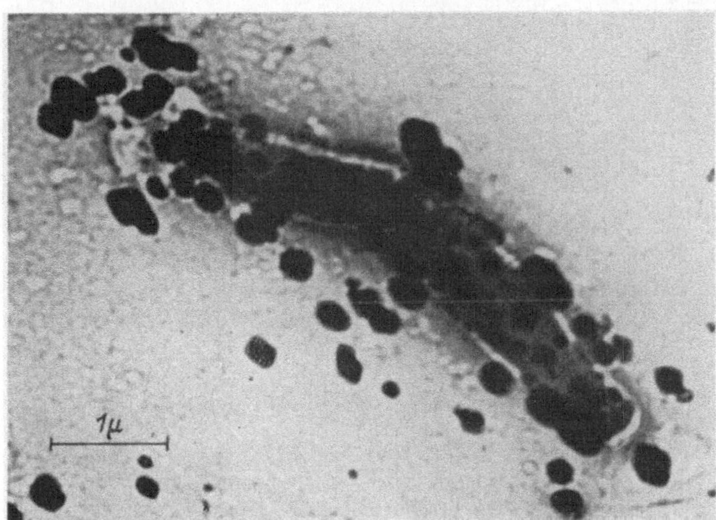

Bakterien mit Innenstruktur.

Das obere Bild zeigt Bact. vibrio albensis Sonnenschein, eine Bakterienart, die beim Meeresleuchten eine Rolle spielt.

Das Bild unten gibt einen Turbekelbazillus wieder (Typus bovinus). Man beachte die begleitenden Körner, die manchmal bei Tuberkelbazillen beobachtet werden.

Jakob und Mahl [120].   Vergr.: 11 000 fach.
                                                                16 000 fach.

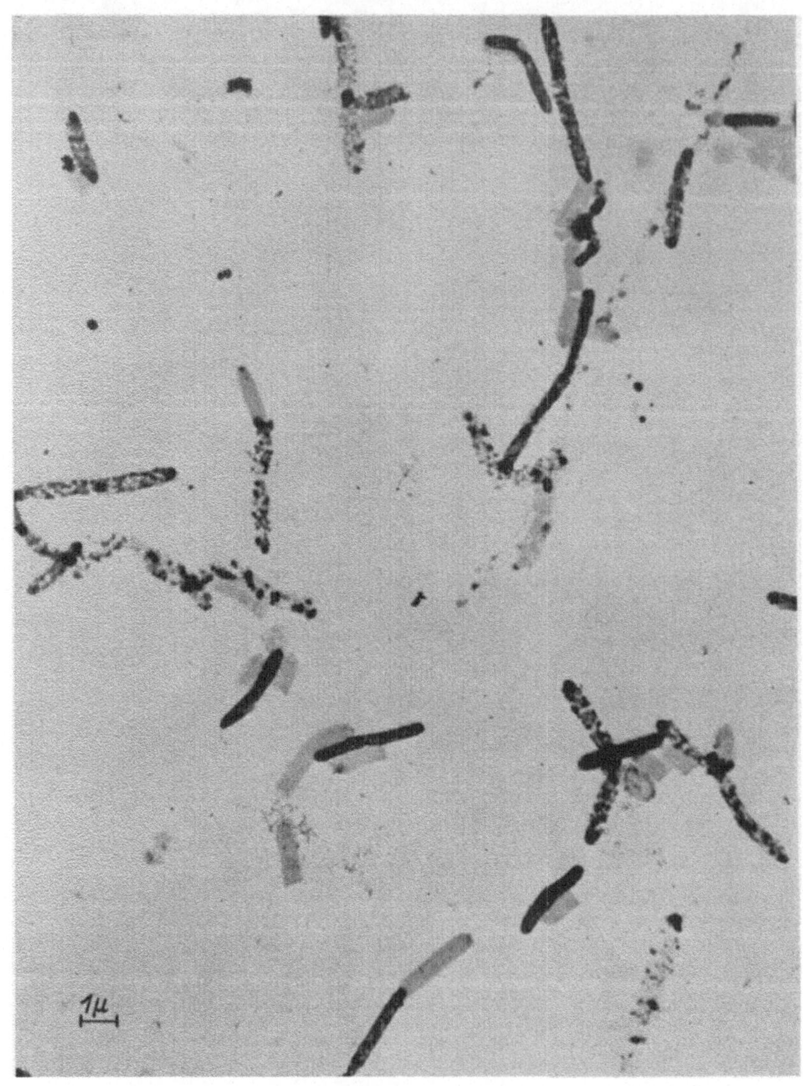

Zerfallende Bakterien.

Die Bakterien (Bact. Sphenoides) haben ihre schützenden Hüllen verlassen. Es beginnt der Zerfall, der bei den einzelnen Bakterien verschieden weit fortgeschritten ist. Wahrscheinlich bedeutet dieser Zerfall den Untergang der Bakterien.

Jakob und Mahl.   Vergr.: 5000 fach.

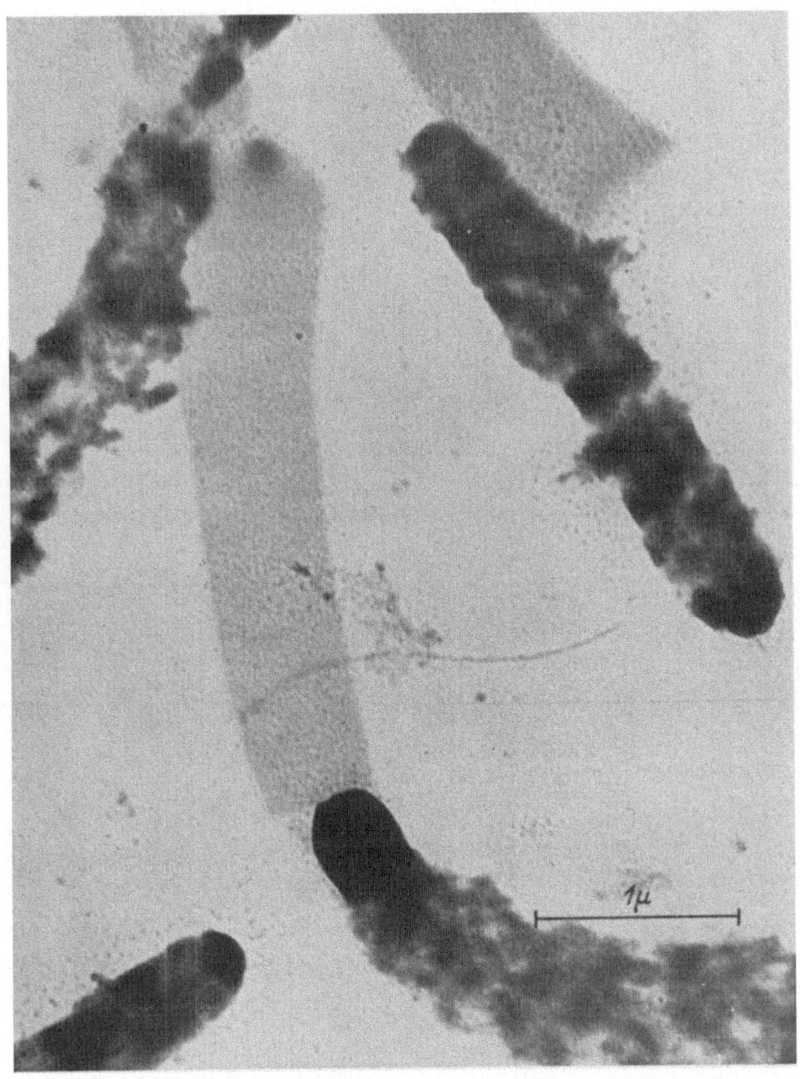

Zerfallende Bakterien.

Bei der fünfmal so hohen Vergrößerung wie bei dem Übersichtsbild auf der Gegenseite erkennt man, daß die Enden der Bakterienkörper nicht so weit zerfallen sind wie die übrige Zellsubstanz. Vermutlich weisen diese „Polkörper" eine andere widerstandsfähigere Zusammensetzung auf.

Jakob und Mahl. Vergr.: 27 000 fach.

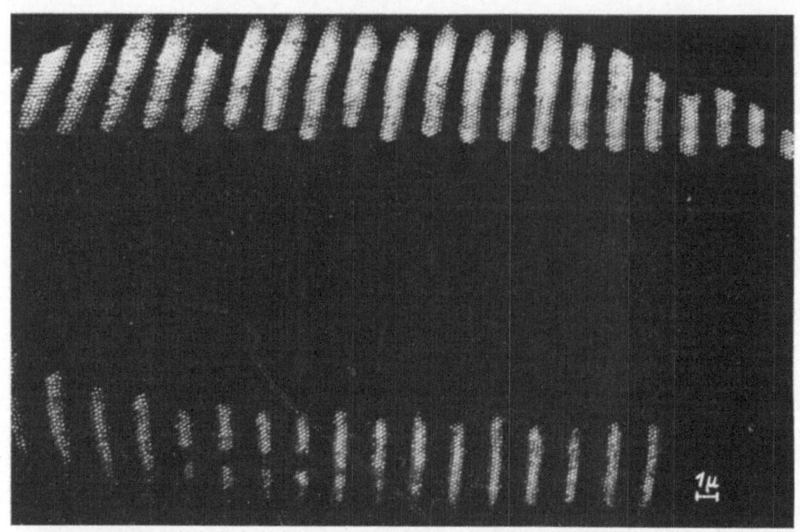

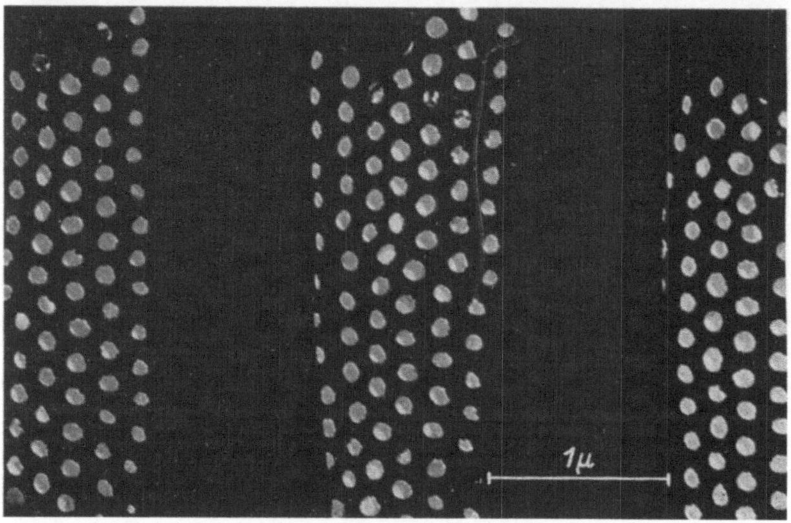

Diatomeenpanzer der navicula nobilis.

Der Kieselsäurepanzer dieser besonders feinen Diatomeen ist von breiten festen Rippen grätenartig durchzogen, zwischen denen feine Wabenlöcher angeordnet sind. Diese Löcher mit einem Mittenabstand von 150···200 mμ sind unter günstigen Bedingungen im Ultraviolettmikroskop gerade eben noch zu trennen, während das Übermikroskop auch ihre Form zeigt. Mahl.

Vergr.: 3000- bzw. 24 000 fach.

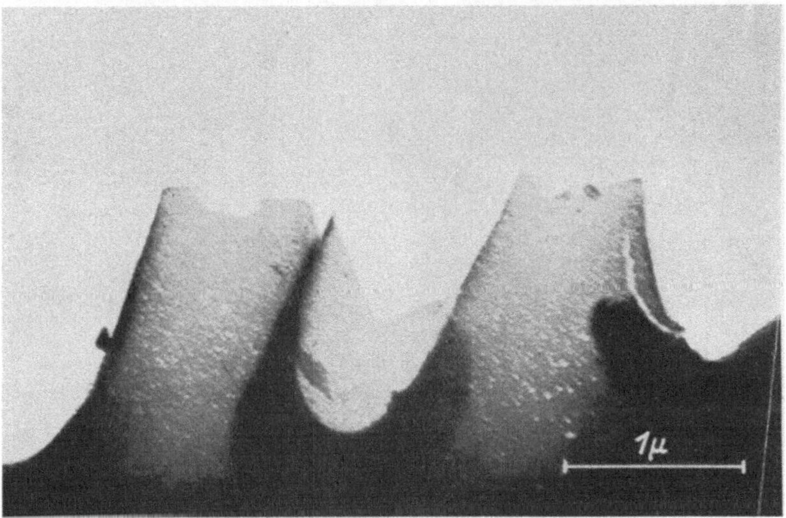

Zertrümmerter Diatomeenpanzer.

Das Innere der navicula nobilis (s. auch Gegenseite) ist herausgebrochen. Die Ansätze der Rippen sind stehengeblieben, die teilweise durchstrahlt werden. Die Rippen zeigen eine sehr feinkörnige Struktur.

Mahl.   Vergr.: 3000- bzw. 24 000 fach.

Fibrillen von Natronpapier.

Die zur Papierherstellung notwendige Zellulose wird beim Natronpapier z. B. aus Holz durch chemische Behandlung mit einer Natriumverbindung gewonnen. Zur Untersuchung wurde solches Natronpapier in der Kugelmühle zermahlen, so daß die einzelnen, für eine übermikroskopische Abbildung viel zu dicken Fasern in feinste Bruchstücke (Fibrillen) zerschlissen wurden.

Mahl [131].   Vergr.: 40 000 fach.

94

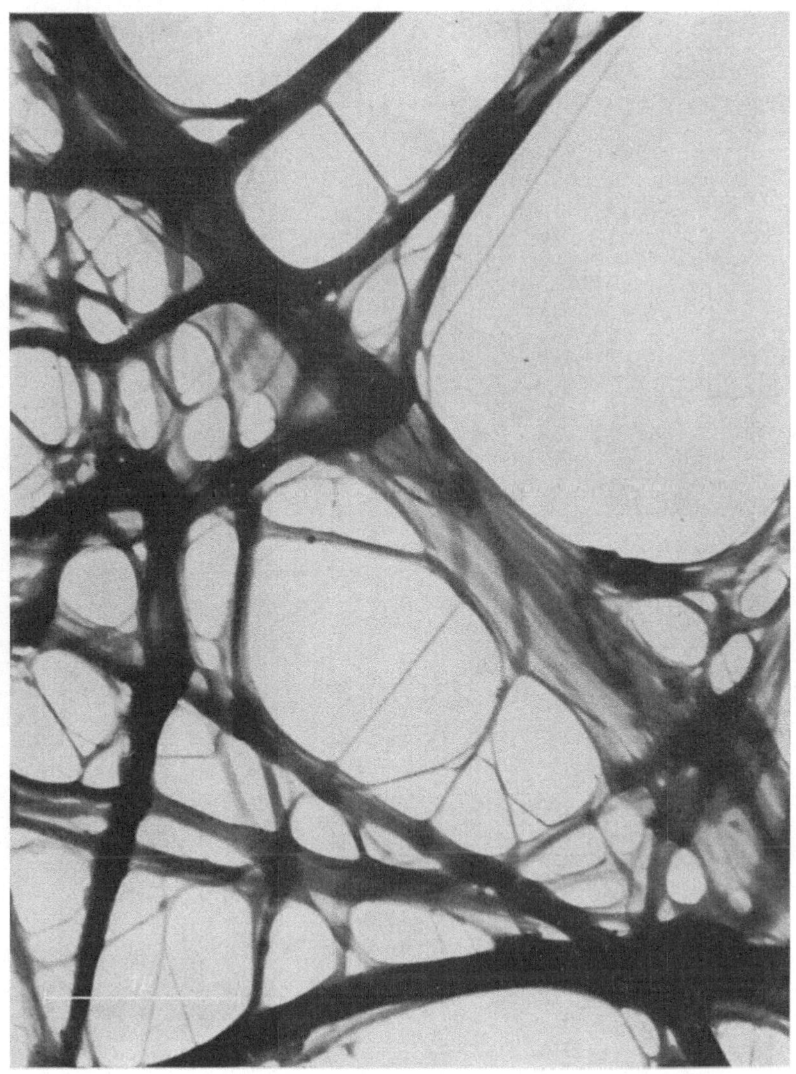

Fibrillen von Hadernpapier.

Während das Natronpapier (s. Gegenseite) z. B. aus Holz gewonnen ist, wird Hadern-papier z. B. aus Baumwolle (Lumpen) hergestellt. Die elastischen Fibrillen, die das Über-mikroskop als bandartige Gebilde zeigt, sind beim Hadernpapier in weit geringerem Maße durch Fremdkörper verunreinigt als beim Natronpapier.

Mahl.   Vergr.: 26 000 fach.

Rost-Partikel.

Zur Rostbildung wurde ein Stückchen Eisen in Wasser gelegt. Das Übermikroskop zeigt, daß die sich bildenden gelbbraunen Flocken (Ferrihydroxyd) aus dünnen durchsichtigen Plättchen, besonders aber aus ausgeprägten Kristallnadeln bestehen, wie es die beiden Bilder erkennen lassen. Im Gegensatz dazu zeigen Aufnahmen von chemisch gefälltem Ferrihydroxyd keine Kristalle, sondern kolloidale Teilchen.

Mahl [119].

Vergr.: 12 000 fach.
22 000 fach.

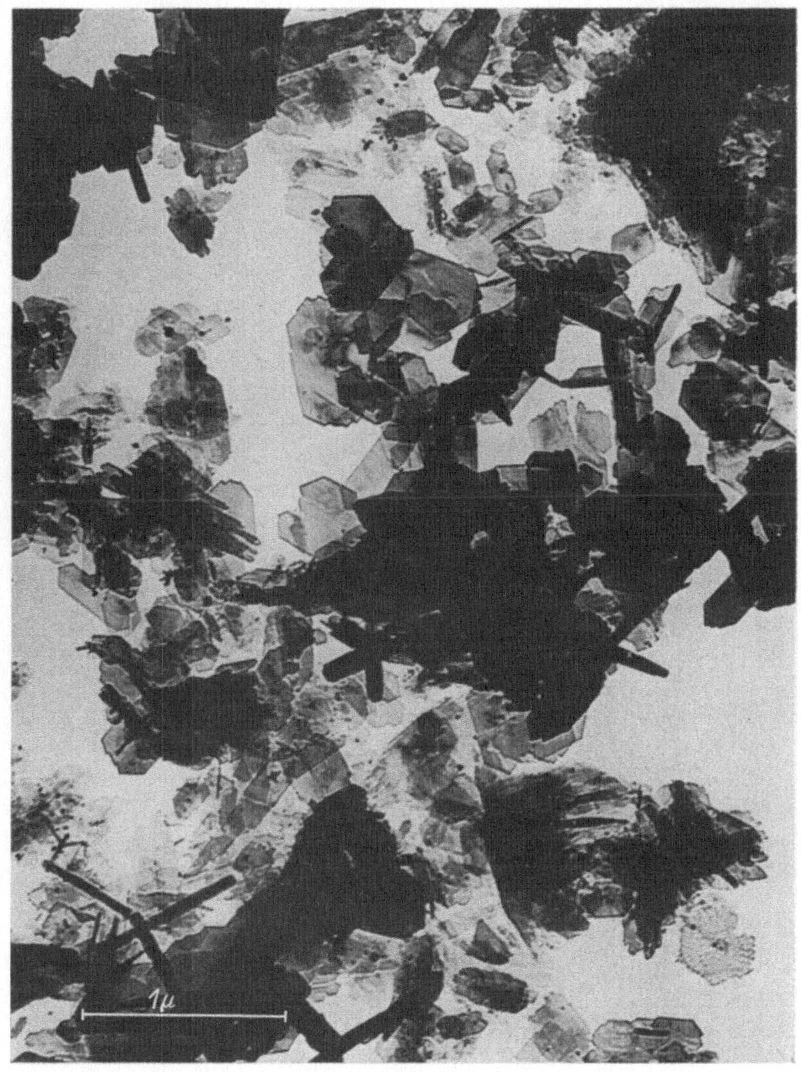

Rost-Kristallplättchen.

Während bei „jungem" Rost (s. Gegenseite) die durchsichtigen Kristallplättchen eine unregelmäßige, meist gezahnte Begrenzung aufweisen, haben sich bei dem „alten" Rost auf obigem Bild, der monatelang in Wasser lag, regelmäßige sechseckige Kristallplättchen entwickelt.

Mahl.   Vergr.: 27 000 fach.

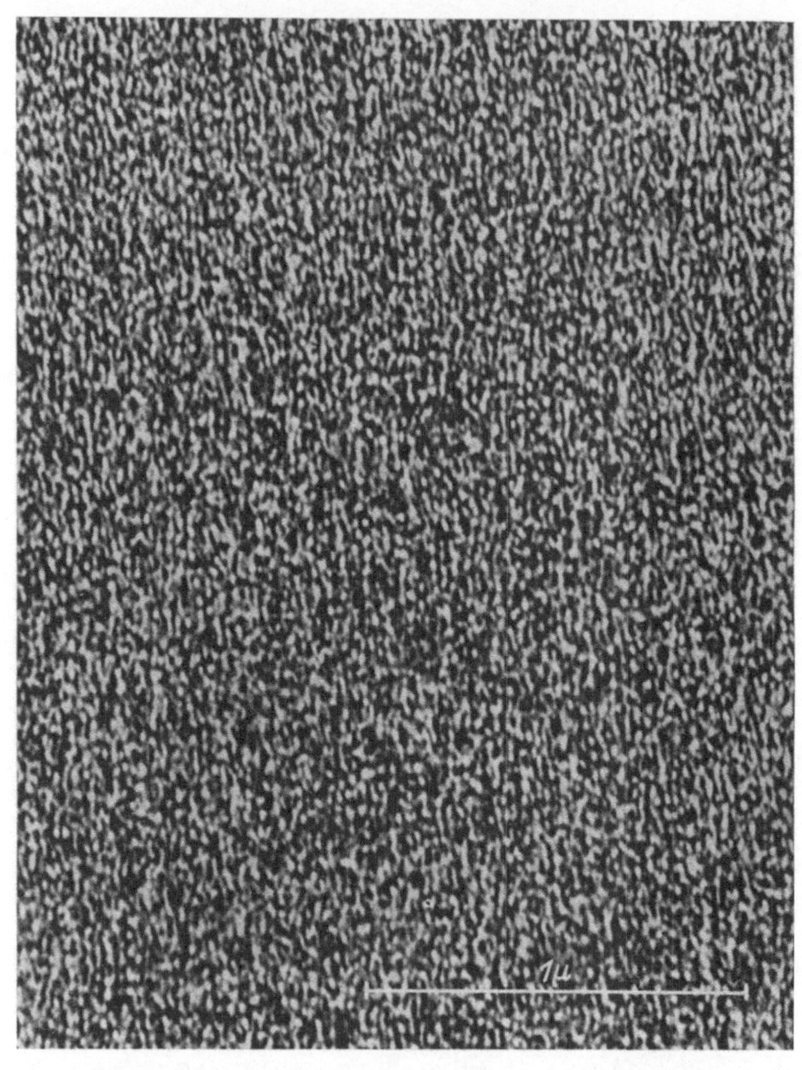

Silber-Aufdampfschicht.

Schichten von aufgedampftem Metall erscheinen im Lichtmikroskop im allgemeinen völlig
strukturlos. Aus Elektronenbeugungs-Aufnahmen weiß man dagegen, daß solche Schichten
meist aus kleinsten Kriställchen zusammengesetzt sind. Das Übermikroskop bestätigt diese
Aussage und erlaubt ihren Abstand zu etwa 20 mμ und damit die Anzahl zu mehr als
10^{11} Körner je Quadratzentimeter abzuschätzen. Denkt man sich diesen Quadratzentimeter
auf eine Fläche von 1000 qm vergrößert, so würde ein Kriställchen etwa die Größe eines
millimetergroßen Körnchens haben.

Mahl [103].   Vergr.: 50 000 fach.

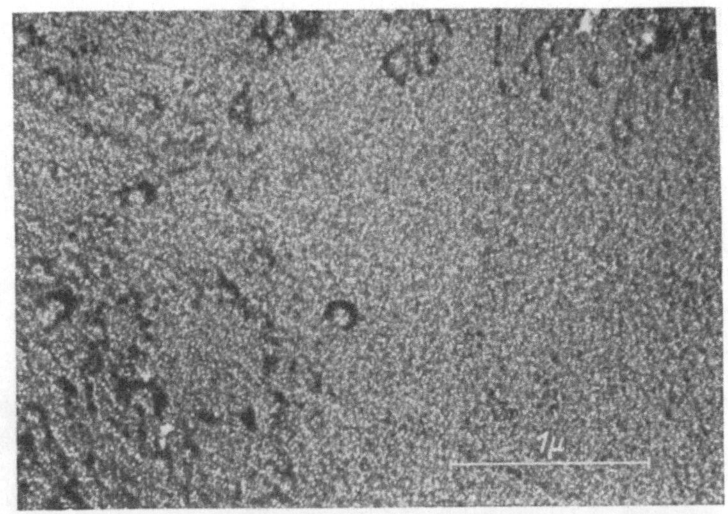

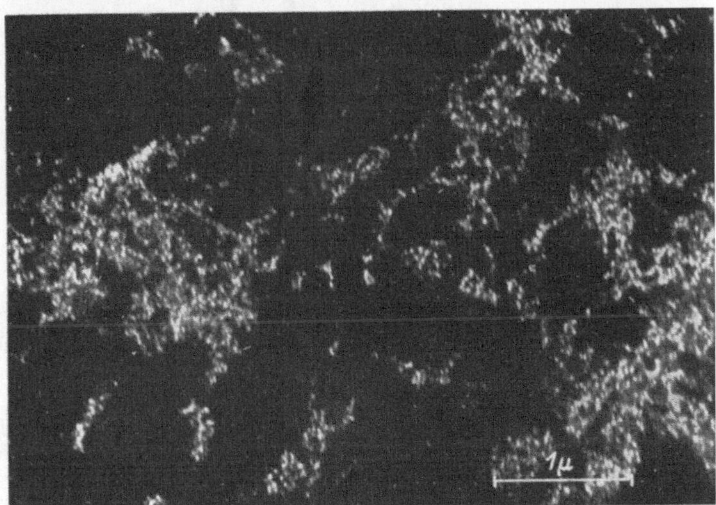

Oberflächenoxydfilm und Korrosion.

Die Oxydfilme, die sich auf Metallen bilden, verhindern je nach ihrer Struktur mehr oder minder gut die weitere Oxydierung (Korrosion) der unter dieser Schutzhaut liegenden Metallschichten. Während der durch elektrolytische Oxydation erzeugte Oxydfilm von Aluminium (oberes Bild) lochfrei ist und damit einen guten Schutz gegen Korrosion bildet, ist der Oxydfilm auf gelb angelassenem Eisen (unteres Bild) ungleichmäßig dick und sehr porös (etwa 10^8 Poren pro mm²), wie es nach dem starken Rosten des Eisens zu vermuten ist.

Mahl [107].   Vergr.: 27 000 fach.
                                                              Vergr.: 18 000 fach.

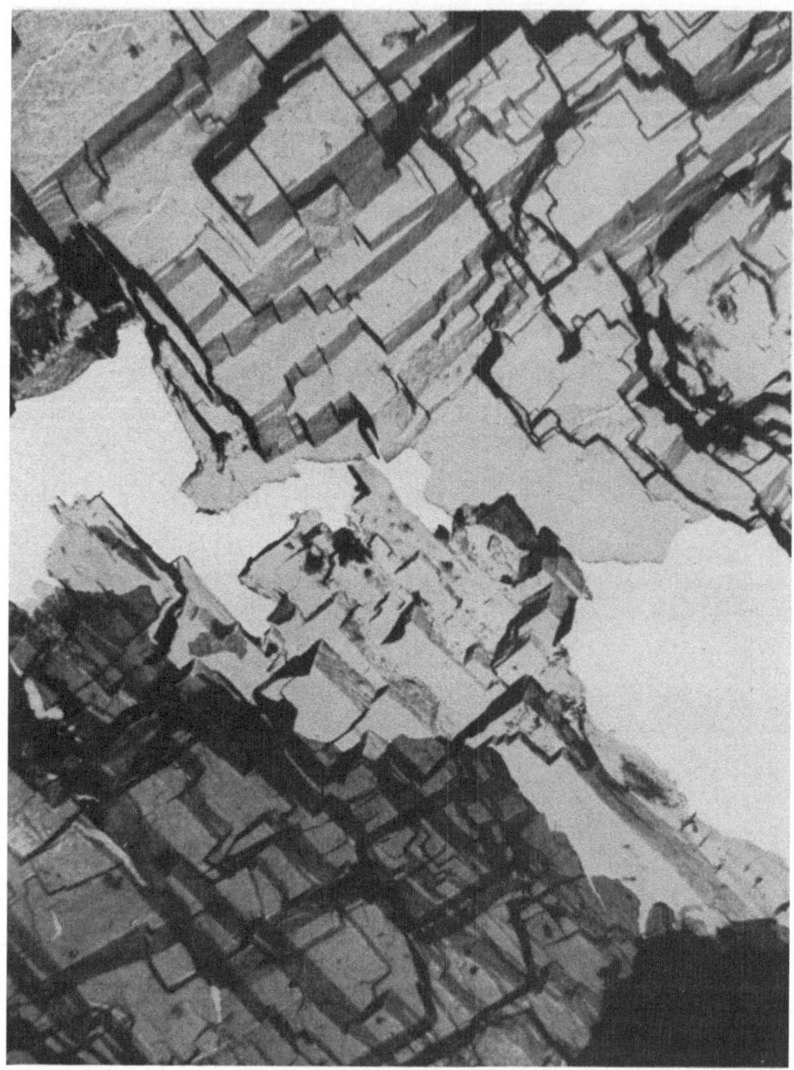

Zerrissener Oberflächenfilm.

Die sehr dünnen Oxydfilme (Eloxalfilme) auf einer Aluminiumoberfläche, die sich leicht von der Oberfläche abheben lassen, zeigen im Durchstrahlungsmikroskop ein genaues Bild der Oberflächenstruktur des Metalls. Unser Bild gibt eins der ersten so von Mahl erhaltenen Abdruckbilder wieder. Der Film ist zerrissen und liegt teilweise doppelt. Welche Fortschritte bei der Weiterentwicklung in der Technik des Abdruckverfahrens erzielt werden konnten, zeigt besonders instruktiv der Vergleich mit den Bildern S. 112—115.

Mahl.   Vergr.: 4000 fach.

Oberfläche von geätztem Aluminium.

Oberflächenbilder von Metallen konnten früher nur mit dem Emissionsmikroskop erhalten werden. Nach dem Abdruckverfahren von Mahl (s. Gegenseite) können nun auch übermikroskopische Oberflächenbilder erzielt werden. Das Bild zeigt technisch reines Aluminium, das mit Salzsäure geätzt worden war. Bemerkenswert sind die nach rechts überhängenden kubischen Aufbauten, deren überhängendes Gebiet infolge der mehrfachen Durchstrahlung sehr dunkel erscheint.

Mahl.   Vergr.: 3000 fach.

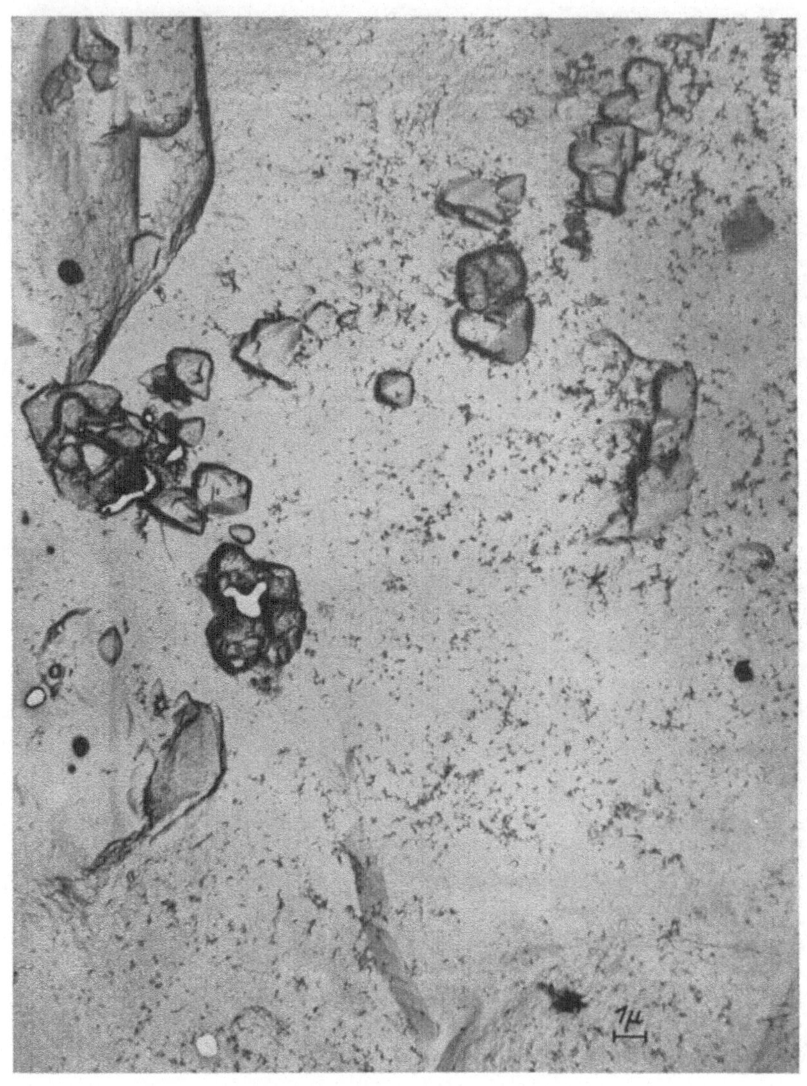

Geätztes Duraluminium.

Bei der Aufnahme von geätztem Duraluminium sind die kleinen schwarzen Körner bemerkenswert, die in den großflächig geätzten Bezirken eingestreut sind. Vielleicht handelt es sich um Abscheidung von metallischen Beimengungen bei der Metallhärtung.
Mahl.   Vergr.: 4000 fach.

Geätztes Aluminium mit Eisen verunreinigt.

Auch von Aluminiumlegierungen lassen sich Oberflächenabbildungen durch den elektro-
lytisch erzeugten Oxydfilm erhalten. Das Elektronenbild gibt mit Eisen verunreinigtes
Aluminium wieder, das mit einem Flußsäure-Salzsäure-Gemisch angeätzt war.

Mahl. Vergr.: 5000 fach.

103

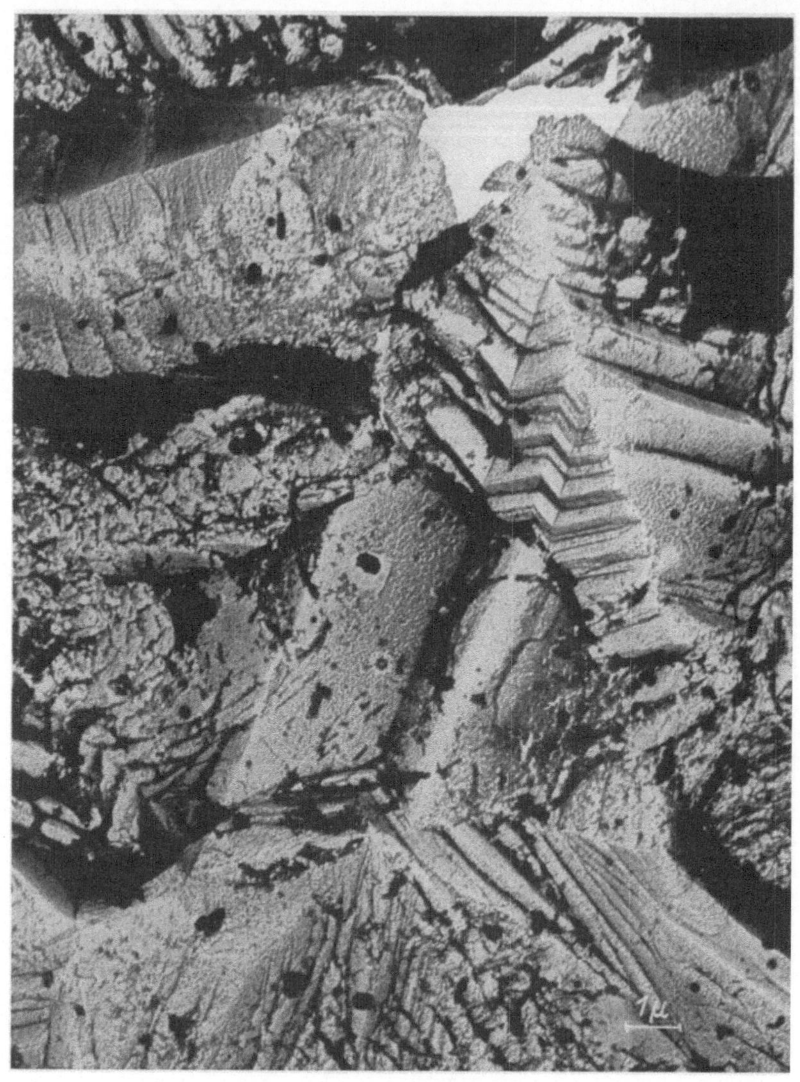

Geätztes Nickel.

Bei geätztem Nickel herrscht nicht der Abbau in Würfelflächen vor. Vielmehr treten andere Ätzfiguren auf, die an Eiskristalle am Fenster erinnern. Der Oxyd-Abdruckfilm wurde thermisch erzeugt und galvanisch abgelöst.

Mahl und Seeliger.

Vergr.: 7000 fach.

Geätztes Kupfer.

Verlief schon bei Nickel die Herstellung des Abdrucks etwas anders als bei Aluminium, so wurde bei Kupfer ein stark abweichendes Verfahren durchgeführt. Auf das Metall wurde sehr verdünnter Zaponlack aufgetrocknet und der Lackfilm abgelöst, der dann ebenfalls die Unebenheiten enthält.

Mahl und Seeliger.   Vergr.: 10000 fach.

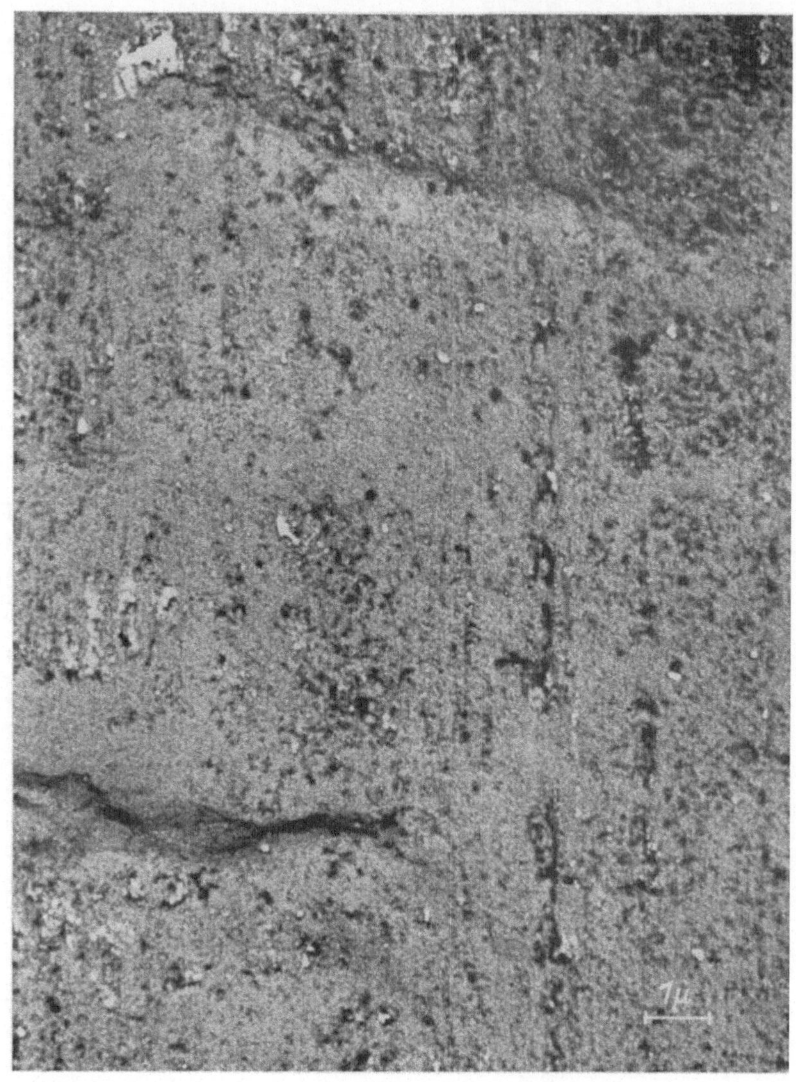

Blankes Aluminium.

Bei diesem ungeätzten, blankem Aluminium, wie es handelsüblich ist, zeigt das Übermikroskop viele feine Unebenheiten, Fremdkörper und Löcher. Die Walzstruktur von oben nach unten ist deutlich erkennbar.

Mahl [121].   Vergr.: 8500 fach.

Aluminium bei Salzsäure- und Flußsäureätzung.

Es ist gerade die Ecke von drei Kristallkörnern verschiedener Lagerung in das Bildfeld gebracht. Bei der Ätzung mit Salzsäure und Flußsäure sind die Ätzwürfel in ihrer verschiedenen Lage und Orientierung deutlich erkennbar.

Mahl.   Vergr.: 5000 fach.

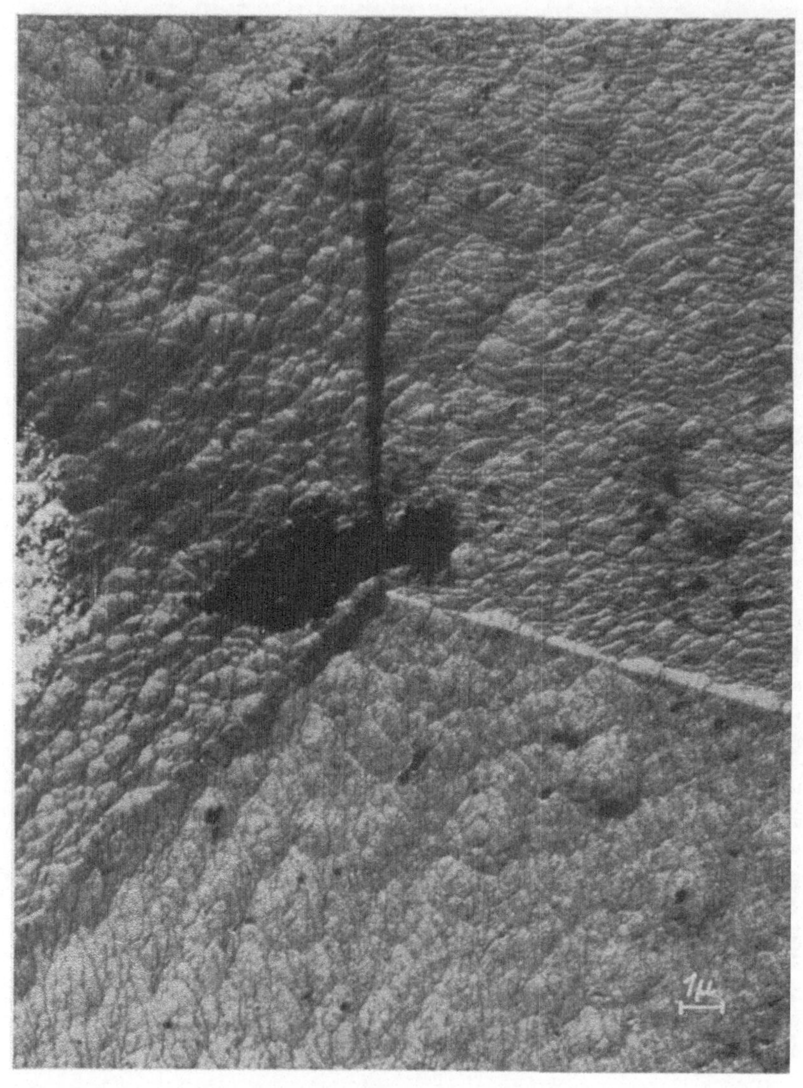

Aluminium bei Kalilaugenätzung.

Im Gegensatz zur Salzsäureätzung (s. vorige Seite) erfolgt bei Kalilaugenätzung der Angriff in einzelnen Grübchen, die wieder je nach der Schnittrichtung der drei zusammentreffenden Kristallkörner eine andere Form haben.

Mahl [121].   Vergr.: 5500 fach.

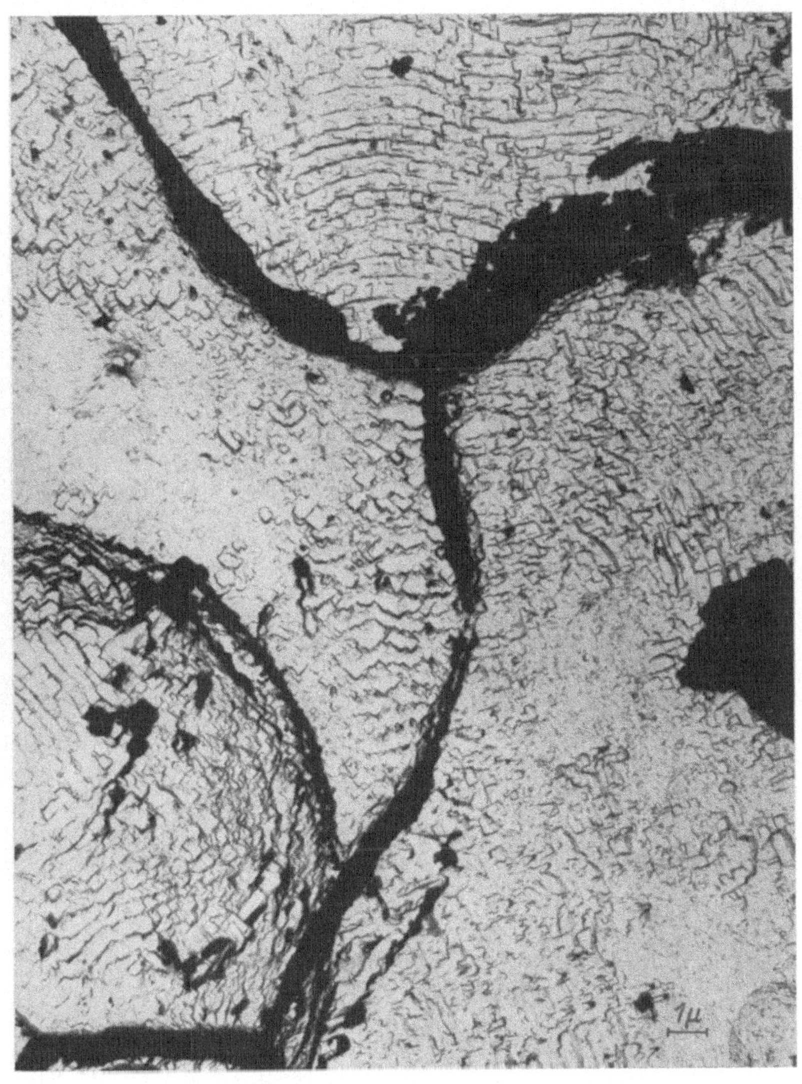

Aluminium bei Stromätzung.

Wieder anders ist der Bildeindruck bei Stromätzung. Doch erkennt man bei genauerem Hinsehen, daß wieder wie bei Salzsäureätzung der Abbau in Würfelflächen erfolgt. Bemerkenswert ist die „verworfene" Struktur oben und der Abbau der großen Ätzgrube unten links.

Mahl.   Vergr.: 5000 fach.

Korngrenze bei geätztem Aluminium.

Zwei Kristallite, die längs der Bildmitte zusammenstoßen, sind durch die Salzsäureätzung
verschieden stark abgebaut worden. So ist zwischen den Kristalliten eine Stufe entstanden,
die sich in der Korngrenze durch eine steile Bruchkante (s. oben Bildmitte) ausgleicht.
Mahl.   Vergr.: 11 000 fach.

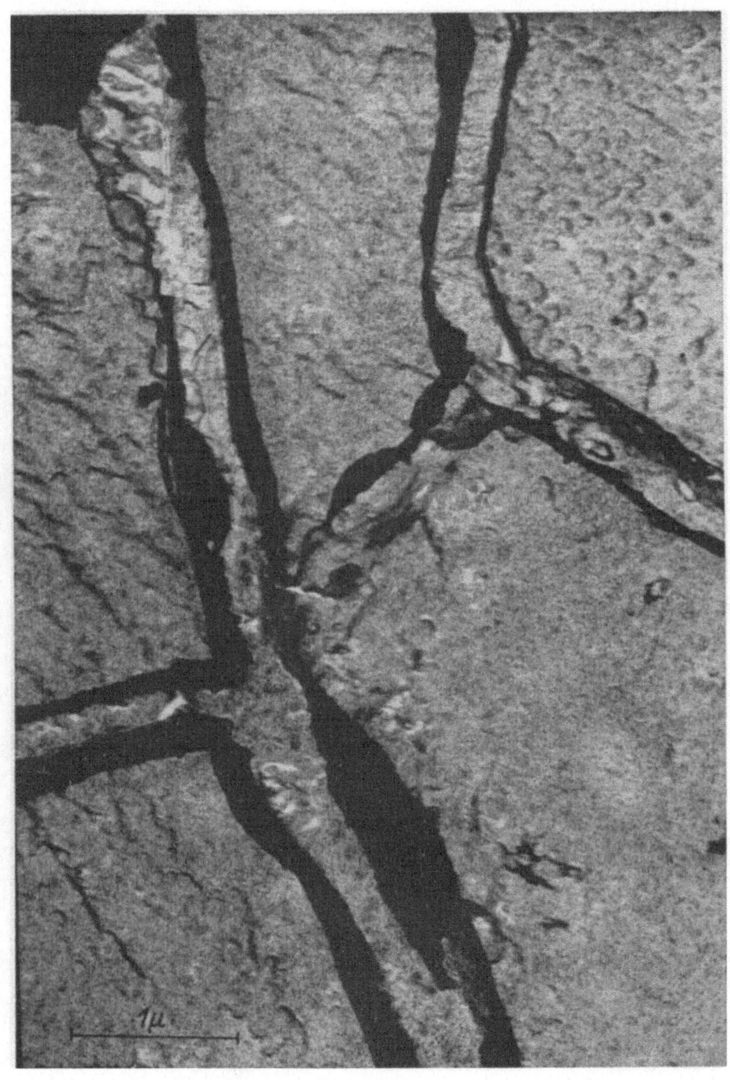

Korngrenzenätzung bei Nickel.

Während bei der Kristallfigurenätzung (vgl. das Bild auf der Gegenseite) die Kristalle verschieden stark abgebaut sind, werden bei der Korngrenzenätzung hauptsächlich die Korngrenzen angegriffen, so daß sie als Gräben erscheinen.

Mahl.   Vergr.: 22 000 fach.

Aluminium mit Salzsäure geätzt...

Die Ätzung mit einem Salzsäure-Flußsäuregemisch hat ein scharfkantiges Gebirge aus Würfeln hervorgerufen, das einem Mamorbruch ähnelt.

Mahl.   Vergr.: 11 000 fach.

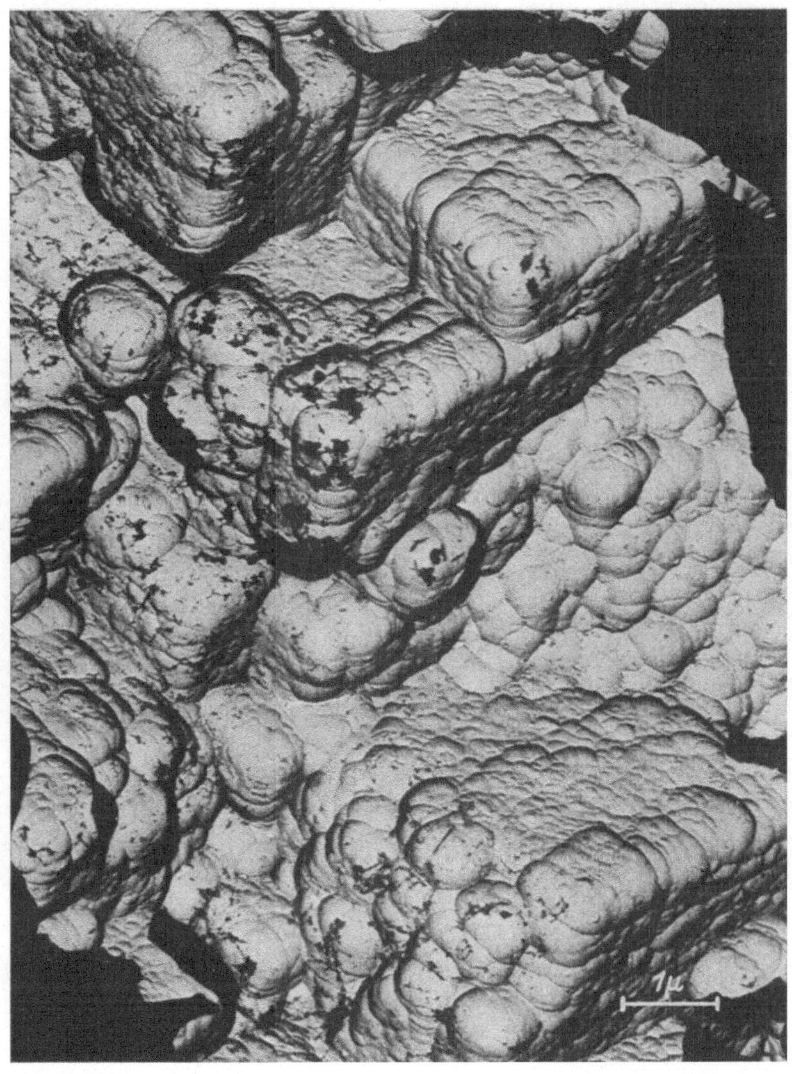

... und mit Salpetersäure nachgeätzt.

Die nachfolgende Ätzung mit heißer Salpetersäure rundete die Kanten der Würfel und bildete Grübchen und Kügelchen auf den vorher weitgehend ebenen Würfelflächen.
Mahl.   Vergr.: 13 000 fach.

Geätztes Reinstaluminium.

Bei dem hier untersuchten sehr reinen Aluminium (99,99%) zeigen sich bei Salzsäureätzung sehr verschiedenartige Flächen, insbesondere Pyramidenflächen, während der Ätzabbau bei technisch reinem Aluminium in Würfelflächen erfolgt, wie es die Bilder der vorhergehenden Seiten zeigen.

Mahl.   Vergr.: 4000 fach.

Geätztes Reinstaluminium.

Die hochvergrößerte Einzelheit stellt einen Teil einer Stufe dar, die bei Salzsäureätzung entstand. Sehr plastisch gibt das Bild die scharfen Kanten des Oberflächengebirges wieder, denen sich die Oxydfolie angeschmiegt hatte und deren Ablösung auch hier fast ohne Einreißen gelang.

Mahl.   Vergr.: 25 000 fach.

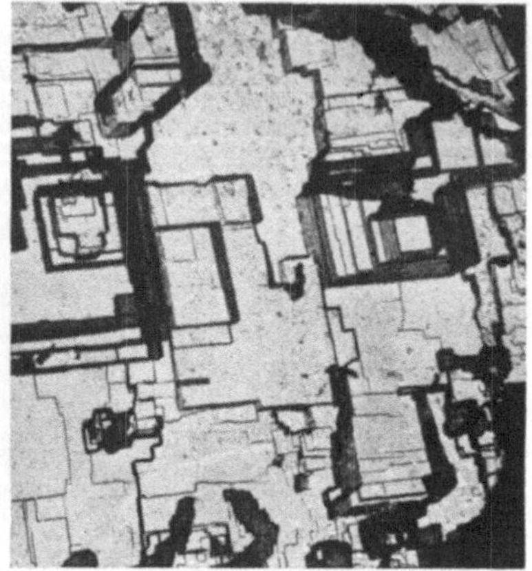

Mit Salzsäure geätzte Aluminiumoberfläche.

Mahl.   Vergr.: 3000 fach.

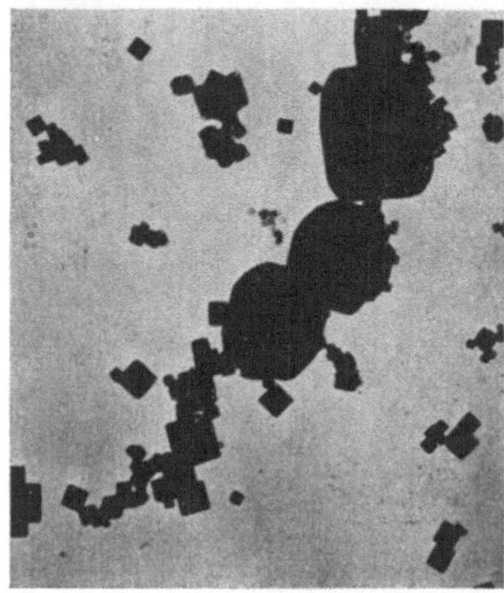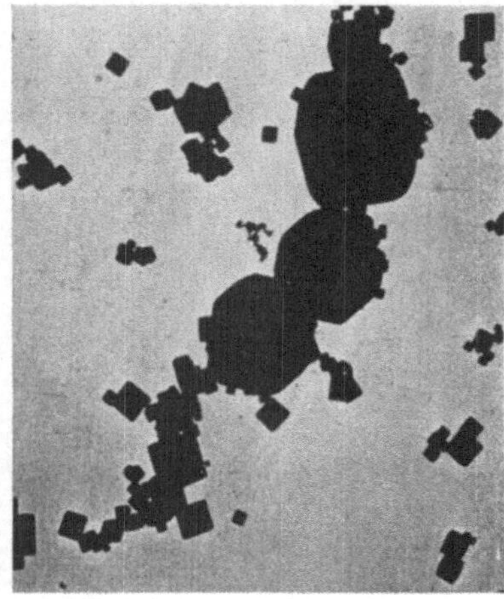

Magnesiumoxydwürfel.

Mahl [109].   Vergr.: 17 000 fach.

Stereoskopische Aufnahmen.

Die stereoskopischen Bilder werden beim Durchstrahlungsmikroskop durch zwei Aufnahmen nacheinander erzielt, bei denen die Objektfolie eine etwas verschiedene Neigung gegenüber der optischen Achse des Mikroskops erhält. Rasterfreie Originalaufnahmen dieser Art vermitteln ein sehr plastisches Bild von übermikroskopischen Strukturen.

116

Zum Schlusse unserer Ergebnisse bringen wir noch ein ausländisches Urteil über die Arbeiten des AEG Forschungs-Instituts auf dem Gebiete der Elektronenoptik. Wir tun dies nicht allein, weil dieses Urteil die Freunde unseres Instituts interessieren wird; wir tun es besonders deswegen, weil hier die deutsche elektronenoptische Forschungsarbeit auch den amerikanischen Ansprüchen gegenüber von einer Seite als führend anerkannt wird, die nur sachliche Gründe haben kann, von einer deutschen Forschungsstelle besonders günstig zu sprechen. In dem Vorwort des englischen Hauptwerks über geometrische Elektronenoptik sagt 1939 L. M. Myers*).

„Zweifellos wurde in den letzten Jahren der größte Teil der experimentellen und theoretischen Arbeiten im Forschungs-Institut der AEG in Berlin unter der Leitung von Dr. Brüche durchgeführt; es ist daher verständlich, daß eine Einführung in dieses Sachgebiet sich sehr eng an die Veröffentlichungen dieses Forschers und seiner zahlreichen Mitarbeiter anlehnt. Ferner haben wir uns auf die Arbeiten Zworykins und seiner Mitarbeiter in den RCA-Laboratorien in Amerika gestützt."

---

*) L. M. Myers, Electron Optics, Chapman & Hall Ltd., London 1939, 618 Seiten. „Without doubt the greatest proportion of experimental and theoretical work during the last few years has been carried out at the A.E.G. Forschungsinstitut in Berlin, under the supervision of Dr. Brüche, consequently it is understandable that this introduction to the subject should follow very closely the writings of this investigator and his numerous collaborators. We have also followed the work of Zworykin and his collaborators at the R.C.A. Laboratories in America."

V. Veröffentlichungen.

Geometrische Elektronenoptik[1]).
E. Brüche u. O. Scherzer.
Julius Springer 1934. 332 Seiten.

Aus dem Vorwort:

„Selbst die grundlegende Arbeit von Busch, die den mathematischen Existenzbeweis der magnetischen Linse brachte, führte noch nicht unmittelbar zum Ausbau der geometrischen Elektronenoptik, wenn sie zweifellos auch Fundament und Antrieb der neueren Entwicklung darstellt. Den nächsten Schritt vorwärts bedeutete die Erkenntnis, daß man brauchbare Elektronenlinsen ebenfalls mit elektrischen Feldern herzustellen vermag. ... So trat der m a g n e t i s c h e n E l e k t r o n e n o p t i k mit ihren Eigentümlichkeiten hinsichtlich Konstanz der Elektronengeschwindigkeit, Bahnverschraubung und Bildverdrehung die e l e k t r i s c h e E l e k t r o n e n o p t i k als eigentliches Analogon zur geometrischen Lichtoptik an die Seite.

Doch auch diese engere Analogie hätte kaum zum weiteren Ausbau der geometrischen Elektronenoptik veranlassen können, wenn nicht erstens experimentell gezeigt worden wäre, daß — was kaum zu erwarten war — die Erzielung einwandfreier Abbildungen mit Elektronen nicht an sekundären Effekten scheitert, und wenn nicht zweitens die ferne Hoffnung auf die Überschreitung der Auflösungsgrenze des Mikroskops bestanden hätte ... Wir stehen zur Zeit auf jener Stufe, wo die erste stürmische Entwicklung in die ruhigen Bahnen systematischer Feinarbeit übergehen muß. Die Verfasser glauben, daß eine organische Darstellung, die eine Übersicht über das bereits Erreichte, über die großen Zusammenhänge dieses Gebietes und die nächsten Aufgaben ermöglicht, einen merklichen Impuls für die Weiterentwicklung geben kann ...

So möge denn diese Monographie der Weiterentwicklung der Mikroskopie, der Metallurgie, der Massenspektrographie, dem Fernsehen und anderen Disziplinen, die von der Entwicklung der geometrischen Elektronenoptik berührt werden, von Nutzen sein! Möge sie neue physikalische Arbeiten und technische Entwicklungen anregen helfen und so auch einen bescheidenen Anteil an der Lösung größerer Fragen haben!“

Schlußsatz:

„Das Ziel der Verfasser war, mit der quasioptischen Betrachtungsweise der Bewegung geladener Teilchen vertraut zu machen, denn für die Zukunft wird diese natürliche und einfache Betrachtungsweise bei Problemen der Elektronenbewegung ebenso unumgänglich sein wie es die optische für die Strahlengänge des Lichtes ist.“

[1]) Dieser Monographie folgte erst nach 5 Jahren das zweite Buch über das gleiche Gebiet. Heute gibt es mehrere deutsche und ausländische Darstellungen über geometrische Elektronenoptik.

118

Elektronengeräte[1].

E. Brüche u. A. Recknagel.

Julius Springer 1941. 425 Seiten.

In den sechs Jahren, die seit Erscheinen des ersten Buches über die geometrische Elektronenoptik vergangen sind, hat sich das junge Gebiet kräftig weiterentwickelt. Die Theorie ist ausgebaut worden und die neue Auffassung der Elektronenbewegung hat erfreuliche praktische Konsequenzen gezeitigt. So ist z. B. die Braunsche Röhre unter Mitwirkung der Elektronenoptik zu der Form der lang erstrebten Hochvakuumröhre gelangt, die heute bereits einen hohen technischen Stand hat; so ist ferner das Übermikroskop verwirklicht und schon fast als Gebrauchsgerät anzusprechen. Wie lebhaft die Entwicklung allein bei diesen beiden Entwicklungszweigen war, zeigt die Tatsache, daß inzwischen ausführliche Darstellungen in Buchform über diese Themen erschienen sind.

Bei dieser Sachlage schien es zweckmäßig zu sein, die in der Erstauflage bereits vorhandene Hauptunterteilung in Grundlagen und Anwendungen durch Zerlegen des ursprünglichen Werkes in zwei Bücher zu erweitern. Während die r e i n e geometrische Elektronenoptik später eine lehrbuchartige Behandlung finden soll, sei zunächst die a n g e - w a n d t e geometrische Elektronenoptik in neuer Fassung vorgelegt.

Für die Neuauflage dieses zweiten Teiles war zu berücksichtigen, daß es nun nicht mehr, wie bei der Erstauflage, genügte, an den drei Beispielen Braunsche Röhre, Elektronenmikroskop und Materiespektrograph die elektronenoptische Auffassung zu erläutern. Vielmehr sollte danach gestrebt werden, die Mannigfaltigkeit der Elektronengeräte, d. h. der Geräte, für die die Bewegung von freien Elektronen charakteristisch ist, unter elektronenoptischen Gesichtspunkten zu behandeln. Dabei mußte der Elektronenoptik das Schicksal zuteil werden, das allen anregenden Ideen beschieden ist: Sie müssen gegenüber dem, was sie geleistet haben, zurücktreten. So entstand praktisch ein neues Buch: „Die Elektronengeräte."

Das Buch ist, wie seine Erstauflage, als Niederschlag gemeinschaftlicher vieljähriger Forschungs- und Entwicklungsarbeit eines großen physikalisch-technischen Laboratoriums entstanden, in dem theoretische und experimentelle Physiker mit Entwicklungs-Ingenieuren zusammenarbeiten. Große Buchteile sind daher durch unsere eigenen Arbeiten merklich beeinflußt, wobei manches mitgeteilt ist, was an anderer Stelle noch nicht veröffentlicht wurde.

Wir übergeben nun dies Buch nach langem Zögern der Öffentlichkeit, denn wenn wir auch viel Mühe und Arbeit auf die Fertigstellung verwendet haben, so wird doch der Fachmann der Einzelgebiete, die uns nicht alle gleich nahe lagen, manche Mängel entdecken. Trotzdem haben wir — wie bei der Erstauflage — die Hoffnung, daß das Buch auch so der Weiterentwicklung der Elektronik in physikalischer und technischer Beziehung von Nutzen sein und einen bescheidenen Anteil an der Lösung der großen technischen Aufgabe unserer Zeit haben wird.

---

[1] Neuauflage des zweiten Teils: „Anwendungen" des nebenstehenden Buches von Brüche und Scherzer.

Unsere Zeitschriften-Veröffentlichungen über geometrische Elektronenoptik.

(Titel gekürzt.)

		1930		Bd.	S.
1	Brüche	Strahlen langsamer Elektronen	Petersen, Forschg. und Technik	—	24

		1932		Bd.	S.
2	Brüche	Elektronenmikroskop	Naturwiss.	20	49
3	Brüche u. Johannson	Elektronenoptik und Elektronenmikroskop	Naturwiss.	20	353
4	Dobke	Eine neue Braunsche Röhre	Z. techn. Phys.	13	432
5	Brüche	Geometrie d. Beschleunigungsfeldes	Z. Phys.	78	26
6	Brüche u. Johannson	Kinematogr. Elektronenmikroskopie	Ann. Phys.	15	145
7	Schulz	Abbildung durch geschichtete Medien	Z. Phys.	78	17
8	Brüche u. Johannson	Einige neue Kathodenuntersuchungen	Phys. Z.	33	898
9	Johannson u. Scherzer	Über die elektr. Elektronensammellinse	Z. Phys.	80	183

		1933		Bd.	S.
10	Scherzer	Theorie elektronenopt. Linsenfehler	Z. Phys.	80	193
11	Brüche	Grundlagen der Elektronenoptik	Z. techn. Phys.	14	49
12	Brüche	Optik der Braunschen Röhre	Arch. Elektrot.	27	266
13	Brüche	Geometrische Elektronenoptik	Jb. AEG-Forschg.	3	111
14	Brüche	Braunsche Röhre als Synchronoskop	Arch. Elektrot.	27	609
15	Brüche u. Johannson	Barium-Aufdampfkathode	Z. Phys.	84	56
16	Johannson	Immersionsobjektiv d. Elektronenoptik	Ann. Phys.	18	385
17	Johannson u. Knecht	Kombinierte Benutzung von Elektronenlinsen	Z. Phys.	86	367
18	Brüche	Abbildung mit lichtelektr. Elektronen	Z. Phys.	86	448
19	Richter	Emissionssubstanz auf Kathoden	Z. Phys.	86	697
20	Brüche u. Scherzer	Braunsche Röhre als elektronenoptisches Problem	Z. techn. Phys.	14	464
21	Brüche u. Johannson	Kristallographische Untersuchungen	Z. techn. Phys.	14	487
22	Henneberg	Massenspektrographie I	Ann. Phys.	19	335

		1934		Bd.	S.
23	Henneberg	Massenspektrographie II	Ann. Phys.	20	1
24	Knecht	Komb. Licht- u. Elektronenmikroskop	Ann. Phys.	20	161
25	Brüche	Braunsche Röhre als Problem der Elektronenoptik	Arch. Elektrot.	28	384
26	Brüche u. Scherzer	Geometrische Elektronenoptik	Buch (Springer)	—	—
27	Henneberg	Achromatische elektr. Elektronenlinsen	Z. Phys.	90	742
28	Johannson	Immersionssystem als System der Braunschen Röhre	Z. Phys.	90	748
29	Brüche	Zu zwei Veröffentl. ü. Elektronenoptik	Z. Phys.	92	215
30	Johannson	Immersionsobjektiv II	Ann. Phys.	21	274
31	Henneberg	Massenspektrographie III	Ann. Phys.	21	390
32	Brüche u. Knecht	Eisenumwandlung	Z. techn. Phys.	15	461
33	Heß	Immersionslinse I	Z. Phys.	92	274
34	Pohl	Lichtelektrische Abbildung	Z. techn. Phys.	15	579
35	Fünfer	Voltmeter a. elektronenoptischer Grundlage	Z. techn. Phys.	15	582
36	Brüche u. Knecht	Auflösung des Immersionsobjektivs	Z. Phys.	92	462
37	Brüche	Schichtenuntersuchung	Kolloid-Z.	69	389

1935

				Bd.	S.
38	Brüche	Grundlagen d. angew. Elektronenoptik	Arch. Elektrot.	29	79
39	Henneberg	Low-Voltage Electron Microscope	J. E. E.	76	111
40	Mahl	Abbildung von Mineralien	Mineral. M.	46	289
41	Henneberg	Potential von Schlitz- u. Lochblende	Z. Phys.	94	22
42	Schaffernicht	Umwandlung von Licht- in Elektronenbilder	Z. Phys.	93	762
43	Brüche u. Knecht	Eisenumwandlung	Z. techn. Phys.	16	95
44	Henneberg	Das Elektronenmikroskop	ETZ	56	853
45	Brüche	Zur Braunschen Hochvakuumröhre	Arch. Elektrot.	29	642
46	Schenk	Emissionsverteilung a. kristalliner Kathode	Ann. Phys.	23	240
47	Henneberg	Auflösung des Elektronenmikroskops	Z. Instr. K.	55	300
48	Henneberg u. Recknagel	Chromatischer Fehler b. Bildwandler	Z. techn. Phys.	16	230
49	Mahl u. Pohl	Lichtelektrische Abbildungen	Z. techn. Phys.	16	219
50	Stabenow	Magnetische Linse ohne Bilddrehung	Z. Phys.	96	634
51	Glaser u. Henneberg	Potential von Schlitz- u. Lochblende	Z. techn. Phys.	16	222
52	Brüche u. Schaffernicht	Elektronenopt. Fragen auf dem Fernsehgeb.	ENT	12	381
53	Brüche	Elektronenoptisches Strukturbild	Z. Phys.	98	77
54	Henneberg u. Recknagel	Elektronenlinse, Elektronenspiegel und Steuerung	Z. techn. Phys.	16	621
55	Brüche u. Mahl	Thorierte Wolfram und Molybdän I	Z. techn. Phys.	16	623
56	Recknagel	Emissionskonstanten von Ein- und Vielkristallen	Z. Phys.	98	355
57	Mahl	Abbildung von emittierenden Drähten	Z. Phys.	98	321

1936

				Bd.	S.
58	Brüche (Schaffernicht)	Fortschritte der Elektronenoptik	Jb. AEG-Forschg.	4	25
59	Schenk	Glühemissionsbild von Nickel	Z. Phys.	98	753
60	Brüche u. Mahl	Abbildung von thoriertem Wolfram II	Z. techn. Phys.	17	81
61	Brüche u. Recknagel	Modelle elektr. und magnet. Felder	Z. techn. Phys.	17	126
62	Behne	Immersionsobjektiv für schnelle Elektronen	Ann. Phys.	26	372
63	Behne	Folienabbildung	Ann. Phys.	26	385
64	Mahl u. Schenk	Einfluß der Gleitspurebenen	Z. techn. Phys.	101	117
65	Boersch	Primäres u. sekundäres Bild im Elektronenmikroskop I	Ann. Phys.	26	631
66	Brüche u. Recknagel	Dimensionsbeziehung I	Z. techn. Phys.	17	241
67	Brüche u. Mahl	Thoriertes Wolfram und Molybdän III	Z. techn. Phys.	17	262
68	Boersch	Primäres u. sekundäres Bild im Elektronenmikroskop II	Ann. Phys.	27	75
69	Behne	Zur Kenntnis der Immersionslinse III	Z. Phys.	101	521
70	Hottenroth	Über Elektronenspiegel	Z. Phys.	103	460
71	Brüche u. Henneberg	Geometrische Elektronenoptik	Erg. exakt. Nat.	15	365
72	Recknagel	Zur Theorie des Elektronenspiegels	Z. techn. Phys.	17	643
73	Mahl	Sauerstoffeinfluß auf die Glühemission	Z. techn. Phys.	17	653
74	Brüche	Exper. Elektronenoptik und Anwendung	Z. techn. Phys.	17	588
75	Brüche	Ausstellung Elektronenoptik	Z. techn. Phys.	17	622
76	Schaffernicht	Der elektronenoptische Bildwandler	Z. techn. Phys.	17	596

1937

				Bd.	S.
77	Recknagel	Zur Theorie des Elektronenspiegels	Z. Phys.	104	381
78	Recknagel	Elektronenspiegel und Elektronenlinse	Beiträge zur Elektronenoptik	—	42
79	Mahl	Das elektronenoptische Strukturbild	Beiträge zur Elektronenoptik	—	73
80	Brüche	Geometrische Elektronenoptik	Schröter: Ferns.	—	87
81	Brüche u. Recknagel	Dimensionsbeziehung II	Z. techn. Phys.	18	139
82	Mahl	Feldemission geschichteter Kathoden	Naturwiss.	25	459
83	Hottenroth	Untersuchungen über Elektronenspiegel	Ann. Phys.	30	689

Nr.	Autor	Titel	Zeitschrift	Bd.	S.
84	Boersch	Abbildung von Dampfstrahlen	Z. Phys.	107	493
85	Recknagel	Zur Intensitätssteuerung	Hochfrequenzt. u. Elektroak.	51	66
86	Katz	Elektronendurchgang durch Metallfolien	Z. techn. Phys.	18	555
87	Mahl	Feldemission a. geschichteten Kathoden I	Z. techn. Phys.	18	559
88	Mrowka	Kristallgitterstruktur und Glühemission	Z. techn. Phys.	18	572
89	Boersch	Bänder bei Elektronenbeugung	Z. techn. Phys.	18	574

1938

Nr.	Autor	Titel	Zeitschrift	Bd.	S.
90	Recknagel	Intensitätssteuerung v. Elektronenströmen	Hochfrequenzt. u. Elektroak.	51	66
91	Mahl	Elektronenopt. Kathodenabbild. in einer Gasentladung	Ann. Phys.	31	425
92	Brüche	Elektronenbewegung	Jb. AEG-Forschg.	5	27
93	Schaffernicht u. Steudel	Elektronengeräte	Jb. AEG-Forschg.	5	66
94	Mahl	Ionen- und Elektronenemission	Z. Phys.	108	771
95	Katz	Durchgang v. Elektronen durch Folien I	Ann. Phys.	33	160
96	Katz	Durchgang v. Elektronen durch Folien II	Ann. Phys.	33	169
97	Mahl	Feldemission a. geschichteten Kathoden II	Z. techn. Phys.	19	313
98	Boersch	Zur Bilderzeugung im Mikroskop	Z. techn. Phys.	19	337

1939

Nr.	Autor	Titel	Zeitschrift	Bd.	S.
99	Mahl	Aufnahmen mit dem elektr. Übermikroskop	Naturwiss.	27	417
100	Boersch	Das Schattenmikroskop, ein neues Übermikroskop	Naturwiss.	27	418
101	Recknagel	Elektronenlinse mit Laufzeiterscheinungen	Jb. AEG-Forschg.	6	78
102	Neßlinger	Über Achromasie von Elektronenlinsen	Jb. AEG-Forschg.	6	83
103	Mahl	Elektrostat. Elektronenmikroskop hoher Auflösung	Z. techn. Phys.	20	316
104	Brüche u. Haagen	Übermikroskop der Bakteriologie	Naturwiss.	27	809
105	Boersch	Das Elektronen-Schattenmikroskop	Z. techn. Phys.	20	346

1940

Nr.	Autor	Titel	Zeitschrift	Bd.	S.
106	Brüche	Verwendung elektr. und magnet. Felder	TFT	29	1
107	Mahl	Metallkundliche Untersuchungen	Z. techn. Phys.	21	17
108	Mahl	Stereoskopische Aufnahmen	Naturwiss.	28	264
109	Mahl	Das elektrostat. Elektronen-Übermikroskop und Anwendungen in der Kolloidchemie	Kolloid-Z.	91	105
110	Brüche	10 Jahre Entwicklung	Jb. AEG.-Forschg.	7	2
111	Brüche	Zweipolsystem als Ziel rein elektr. Abbildungsgeräte	Jb. AEG.-Forschg.	7	9
112	Recknagel	Fehler von Elektronenlinsen	Jb. AEG.-Forschg.	7	15
113	Kinder u. Pendzich	Neue magnetische Linse kleiner Brennweite	Jb. AEG.-Forschg.	7	23
114	Boersch	Problem der Bildentstehung	Jb. AEG.-Forschg.	7	27
115	Boersch	Elektronen-Schattenmikroskop	Jb. AEG.-Forschg.	7	34
116	Mahl	Das elektrostatische Übermikroskop	Jb. AEG.-Forschg.	7	43
117	Gölz	Spannungsfestigkeit der Elektrodenmetalle für die Linse des Übermikroskops	Jb. AEG.-Forschg.	7	57
118	Brüche u. Gölz	Einschleusung von Objekt und Platte	Jb. AEG.-Forschg.	7	60
119	Mahl	Übermikroskop in Kolloidchemie und Metallurgie	Jb. AEG.-Forschg.	7	67
120	Jakob u. Mahl	Übermikroskop in der Bakteriologie	Jb. AEG.-Forschg.	7	77
121	Mahl	Plastisches Abdruckverfahren	Metallwirtschaft	19	488
122	Döring u. Mayer	Geschwindigkeitsgesteuerte Laufzeitröhren	ETZ	61	685
				61	713
123	Henneberg	Übermikroskop mit elektrostat. Linsen	ETZ	61	773
124	Jakob u. Mahl	Kapseldarstellung bei Anaerobiern	Arch. Zellforschg.	24	87

				Bd.	S.
126	Kinder	Übermikroskopie mit höheren Spannungen	Z. techn. Phys.	21	222
127	Boersch	Fresnelsche Elektronenbeugung	Naturwiss.	28	709
128	Boersch	Fresnelsche Beugungserscheinungen im Übermikroskop	Naturwiss.	28	711
129	Mahl	Orientierungsbestimmung v. Aluminium-Einzelkristallen a. übermikroskopischem Wege	Metallwirtschaft	19	1082
130	Recknagel	Sphärische Aberration bei elektronenopt. Abbildung	Z. Phys.	117	67
131	Mahl	Übermikroskop. Elektronenbilder von Metalloberflächen	Z. angew. Photographie	2	58
132	Brüche	10 Jahre Elektronenmikroskopie bei d. AEG	AEG-Mittlg.	—	302

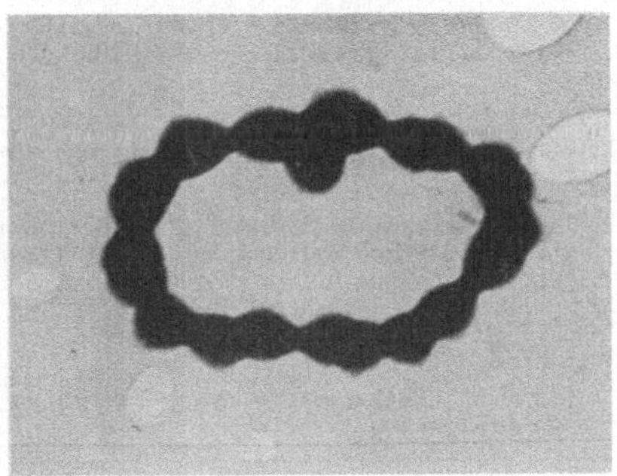

Eigenartige Ringbildung von Kokken. Der Ring hat einen Radius von weniger als $^1/_{1000}$ mm.
(Aufn. Inst. Robert Koch.)

Jahrbuch der AEG-Forschung.

Ursprünglich (Band 1—5) Jahrbuch des Forschungs-
Instituts der Allgemeinen Elektricitäts-Gesellschaft.

Erster Band 1928—1929. Mit zahlreichen Textabbildungen und Tafeln.
240 Seiten. 1930. Vergriffen.

Zweiter Band 1930. Mit 450 Abbildungen, 47 Zahlentafeln und 3 Tafeln.
332 Seiten. 1931. Vergriffen.

Dritter Band 1931—1932. Mit 301 Textabbildungen. 205 Seiten. 1933.
Geb. RM 18,—

Aus dem Inhalt: V. Elektronenstrahlen: Gaskonzentrierte Elektronenstrahlen und ihre
Anwendung. — Geometrische Elektronenoptik. — Mitarbeit der AEG an der Nordlicht-
forschung.

Vierter Band 1933—1935. Mit 318 Textabbildungen und 14 Zahlentafeln.
196 Seiten. 1936. Geb. RM 18,—

Aus dem Inhalt: II. Elektronenstrahlen: Fortschritte auf dem Gebiet der geometrischen
Elektronenoptik. — Entwicklung technischer Elektronenstrahlröhren und ihre Anwendung.

Fünfter Band 1936—1937. Mit 255 Abbildungen und 9 Zahlentafeln im
Text. 172 Seiten. 1938. Geb. RM 18,—

Aus dem Inhalt: II. Elektronik: Elektronenbewegung (Fortschritte 1935 bis 1937). — Elektronenemission. — Elektronengeräte.

Sechster Band 1939. Mit 232 Abbildungen, 11 Tabellen und 15 Zahlentafeln. IV, 204 Seiten. 1939. Geb. RM 17,—

Aus dem Inhalt: II. Physik: Über die Elektronenbewegung in hochfrequenten Wechselfeldern (Laufzeiterscheinungen). — Geschwindigkeitsmodulierter Elektronenstrahl in
gekreuzten Ablenkfeldern. — Die Elektronenlinse mit Laufzeiterscheinungen. — Über
Achromasie von Elektronenlinsen. — Zur Wirkungsweise des Elektronenvervielfachers.
— Geschwindigkeitsänderung der Elektronen im Ablenkkondensator bei Ultrahoch-
frequenz. — Modellversuche über die Elektronenbewegung in Wechselfeldern. — Beiträge zur Theorie der Barkhausen-Kurz-Schwingungen. — Zur Theorie der Elektronen-
pendelung im Hochfrequenzfeld. — Beobachtungen über die Sekundärelektronen-
Emission von Alkali-Aufdampfschichten mit einer oszillographischen Methode.

Siebenter Band 1940. Bisher erschienen zwei Lieferungen. Lieferung 3
(Schlußlieferung des Bandes) befindet sich in Vorbereitung.

Aus dem Inhalt der ersten Lieferung (S o n d e r h e f t Ü b e r m i k r o s k o p): Zur
Einführung. — 10 Jahre Entwicklung. — Das Zweipolsystem als Ziel rein elektrischer
Abbildungsgeräte. — Über Fehler von Elektronenlinsen. — Eine neue magnetische
Linse kleiner Brennweite. — Das Problem der Bildentstehung. — Das Elektronen-
Schattenmikroskop.—Das elektrostatische Elektronen-Übermikroskop.—Untersuchungen
über die Spannungsfestigkeit der Elektrodenmetalle für die Linse des Übermikroskops.
— Einschleusung von Objekt und Platte. — Anwendung des Übermikroskops in der
Kolloidchemie und Metallurgie. — Anwendung des Übermikroskops in der Bakteri-
ologie, insbesondere für Versuche der Kapseldarstellung. — Die Bedeutung des Elek-
tronenmikroskops für die experimentelle Virusforschung.

Geometrische Elektronenoptik.

Grundlagen und Anwendungen.

Von E. Brüche und O. Scherzer.

Mit einem Titelbild und 403 Abbildungen. XII, 332 Seiten. 1934. RM 26,—

Aus dem Inhalt:

Teil A. Grundlagen.

Allgemeine Grundlagen der Elektronenoptik: — Welle und Korpuskel. — Zur Analogie zwischen Licht und Elektron. — Geometrische Licht- und Elektronenoptik. — Die brechenden Medien der Elektronenoptik: — Allgemeines über elektronenoptische Medien. — Elektrische Potentialfelder. — Magnetische Felder. — Die Brechungselemente der Elektronenoptik: — Elektrische Linsen. — Magnetische und kombinierte Linsen. — Ablenkelemente und Zylinderlinsen. — Raumladungsfelder: — Gaskonzentration. — Elektronenoptische Wirkungen des Kathodenfalls.

Teil B. Anwendungen.

Die Braunsche Röhre: — Braunsche Röhre und Elektronenoptik. — Braunsche Röhre mit ruhender Optik. — Braunsche Röhre mit bewegter Optik. — Neuere Entwicklung der Braunschen Röhre. — Das Elektronenmikroskop: — Die elektronenmikroskopischen Systeme. — Methodisches zur elektronenmikroskopischen Abbildung. — Elektronenmikroskopie von Glühkathoden. — Ausbau der Elektronenmikroskopie. — Der Spektrograph: — Spektrographie von Materiestrahlen. — Spektrographie einparametriger Strahlung. — Spektrographie zweiparametriger Strahlung.

Aus den Besprechungen:

Professor K. W. Wagner in der „Elektrischen Nachrichtentechnik": Für die Herausgabe der ersten systematischen Darstellung dieses Gebietes gebührt den Verfassern der Dank der Fachwelt.

Professor Sommerfeld in der „Elektrotechnischen Zeitschrift": Ein wertvolles, fesselnd geschriebenes Buch mit reichem Inhalt.

Professor Joos in der „Physikalischen Zeitschrift": Dieses aus dem Forschungs-Laboratorium der AEG hervorgegangene prächtige Werk steht wissenschaftlich auf einem so hohen Niveau, daß mancher „reine" Physiker neiderfüllt zu ihm aufblicken mag.

Professor Mark in der „Metallwirtschaft": Das ganze Buch wirkt durch die Durchdringung von Experiment und Theorie besonders anziehend. Saubere und wohldurchdachte Abbildungen vermitteln das Verständnis in ungewöhnlich anschaulicher Weise.

Professor Gehrts in der „Zeitschrift für technische Physik": Daß die Elektronenoptik eine derartige Bedeutung für die technische Physik in so kurzer Zeit erreichen konnte, verdankt sie vornehmlich der rastlosen Arbeit der Verfasser und ihrer Mitarbeiter.

Im Frühjahr 1941 erscheint

Elektronengeräte.
Prinzipien und Systematik.

Von E. B r ü c h e , unter Mitarbeit von A. R e c k n a g e l .

(Neuauflage des zweiten Teils, „Anwendungen", von Brüche - Scherzer, Geometrische Elektronenoptik.)

Mit etwa 600 Abbildungen und 10 Großbildern. Etwa 465 Seiten.
Etwa RM 45,—, geb. etwa RM 48,—

Aus dem Inhalt:

I. Teil. Die Elektronenbewegung unter technischen Gesichtspunkten:

D i e   E l e k t r o n e n b e w e g u n g   i m   s t a t i s c h e n   F e l d e : — Die Bewegung eines Elektrons. — Das Elektronenbündel unter optischen Gesichtspunkten. — Besonderheiten des elektronenoptischen Strahlenganges. — D i e   E l e k t r o n e n b e w e g u n g   i m   H o c h f r e q u e n z f e l d : — Fragen der Bewegung. — Energetische Fragen. — P r i n z i p i e l l e   F r a g e n : — Befreiung von Elektronen aus dem Metall. — Elektronenoptische Führungsprinzipien. — Wahl der Energiegröße. — Steuerungs-Prinzipien. — Wiedereintritt der Elektronen ins Metall. — Wechselwirkung mit dem äußeren Stromkreis. — K u n s t g r i f f e   d e r   S t r a h l f ü h r u n g : — Wahl und Gestaltung des Feldes. — Geschwindigkeitseinfluß. — Fragen der Geometrie des Strahlenganges. — Mehrfachanwendung. — Rückwirkung und Rückkopplung. — A u f b a u e l e m e n t e : — Quelle der Ladungsträger. — Beeinflussungselemente mit statischen Feldern. — Beeinflussungselemente mit Wechselfeldern. — Nachweis der Ladungsträger.

II. Teil. Aufbau der Geräte:

I n t e n s i t ä t s g e r ä t e : — Einfachste Intensitätsgeräte zum Umsatz von Strahlung in Strom (Photozelle). — Intensitätsgeräte mit Sekundär-Elektronen-Verstärkung (Vervielfacher). — Weitere Intensitätsgeräte mit Verstärkung. — Intensitätsgeräte mit Steuerung (Elektronenröhre). — L e n a r d -   u n d   R ö n t g e n r ö h r e : — Lenard- und Röntgenröhre unter einheitlichen Gesichtspunkten. — Höchstspannungsröhre. — Einzelheiten über die Röntgenröhre. — Verwandte Röhrenformen. — S t r a h l g e r ä t e : — Zur Theorie der Braunschen Röhre ohne Gaskonzentration. — Kaltkathoden-Oszillograph. — Glühkathoden-Gaskonzentrations-Röhre. — Glühkathoden-Hochvakuum-Röhre. — Strahlgeräte als Bildfeldzerleger. — A b b i l d u n g s g e r ä t e : — Abbildung mit Elektronen. — Elektronenmikroskop geringer Vergrößerung. — Elektronen-Übermikroskop. — Bildwandler. — L a u f z e i t - G e r ä t e : — Richtungsänderungen im Hochfrequenzfeld. — Erzeugung schneller Teilchen (Vielfachbeschleuniger). — Stromverstärkung (Vervielfacher). — Erregung von Schwingungen. — S p e k t r a l g e r ä t e : — Die allgemeinen Fragen der Aufspaltung. — Die allgemeinen Fragen der Fokussierung. — Spektrographen für einparametrige Strahlung. — Ältere Spektrographen für zweiparametrige Strahlung. — Massenspektrographie mit doppelter Fokussierung.

Z u   b e z i e h e n   d u r c h   j e d e   B u c h h a n d l u n g

Verlag von Julius Springer in Berlin

Das freie Elektron in Physik und Technik.

Vorträge namhafter Fachleute.

Veranstaltet durch den Bezirk Berlin des Verbandes Deutscher Elektrotechniker — vormals Elektrotechnischer Verein e. V. — in Gemeinschaft mit dem Außeninstitut der Technischen Hochschule Berlin.

Herausgegeben von Professor Dr. C. Ramsauer, Berlin.
Mit 223 Abbildungen. VII, 270 Seiten. 1940. RM 24,—; geb. RM 25,50.

Das Buch bildet die Wiedergabe einer Vortragsreihe, die im Winter 1938/39 durch den Bezirk Berlin des Verbandes Deutscher Elektrotechniker in Gemeinschaft mit dem Außeninstitut der Technischen Hochschule Berlin veranstaltet wurde. Die Reihe behandelt in den ersten sechs Vorträgen Fragen der Physik des Elektrons, während in der zweiten Gruppe von sechs Vorträgen die Ausführungen über technische Anwendungen der Elektronenstrahlung im Vordergrund stehen.

Aus dem Inhalt:

Prof. Dr. W. Gerlach: Das freie Elektron. — Prof. Dr. C. Ramsauer: Wechselwirkung zwischen Elektron und Materie. — Prof. Dr. W. Schottky: Elektronenbefreiung. — Dr. M. Steenbeck: Entladungserscheinungen. — Dr. R. Frerichs: Strahlungsanregung von Gasen und festen Körpern. — Prof. Dr. W. Kossel: Röntgenphysik. — Dr.-Ing. habil E. Brüche: Systematik der Elektronengeräte. — Prof. Dr. H. Rukop: Verstärker- und Senderröhren (stationäre Vorgänge). — Dr.-Ing. H. Rothe: Nichtstationäre Vorgänge in Elektronenröhren. — Dr. A. Glaser: Stromrichter. — Dr.-Ing. E. Ruska: Abbildungsgeräte. — Dr. H. Ewest: Leuchtröhren.

Forschung und Technik.

Im Auftrage der Allgemeinen Elektricitäts-Gesellschaft herausgegeben von Prof. Dr.-Ing. Dr. rer. pol. e. h. W. Petersen.
Mit 597 Abbildungen. VII, 576 Seiten. 1930. Vergriffen.

Das Werk gibt einen Einblick in die wissenschaftliche Arbeit, die in den Forschungsstätten, Fabriken und projektierenden Abteilungen eines Großunternehmens, wie es die AEG darstellt, geleistet wird. — In 41 Aufsätzen werden zeitgemäße Probleme aus den verschiedensten Gebieten der Physik, der Elektrotechnik, des Maschinenbaues und des Verkehrswesens behandelt. (Enthält einen Beitrag von E. Brüche: Strahlen langsamer Elektronen und ihre technische Anwendung.)

Zu beziehen durch jede Buchhandlung